科學少年學習誌

編著／科學少年編輯部

科學閱讀素養

理化篇 6

《科學閱讀素養理化篇：無線充電，跟電線說再見》
新編增訂版

遠流

科學少年

科學閱讀素養 理化篇6　目錄

課程連結表

文章主題	文章特色	搭配108課綱（第四學習階段 — 國中）	
		學習主題	學習內容
一代電學宗師——法拉第	介紹法拉第的生平故事，從其學徒時代即可看出他孜孜不倦的求學精神，使他有機會認識戴維，進而投身科學研究領域並有所成就。	自然界的現象與交互作用（K）：電磁現象（Kc）	Kc-IV-4電流會產生磁場，其方向分布可以由安培右手定則求得。 Kc-IV-6 環形導線內磁場變化，會產生感應電流
穿越時空的宇宙	宇宙究竟有多大？年齡又有多長呢？要探討這些問題，必須從宇宙的起源開始了解。文章中也介紹如何得知這些結論的科學研究方法。	物質系統（E）：宇宙與天體（Ed）	Ed-IV-1 星系是組成宇宙的基本單位。 Ed-IV-2 我們所在的星系，稱為銀河系，主要是由恆星所組成；太陽是銀河系的成員之一。
		地球環境（F）：地球與太空（Fb）	Fb-IV-1 太陽系由太陽和行星組成，行星均繞太陽公轉。
讓聲波現形	利用容易取得的生活物品製作出簡便的小樂器，並讓生活中只可聞而看不見的聲音「現形」，藉以觀察聲音之美。	交互作用（INe）*	INe-III-6 聲音有大小、 高低與音色等不同性質，生活中聲音有樂音與噪音之分，噪音可以防治。
		自然界的現象與交互作用（K）：波動、光及聲音（Ka）	Ka-IV-1 波的特徵，例如：波峰、波谷、波長、頻率、 波速、振幅。 Ka-IV-5 耳朵可以分辨不同的聲音，例如：大小、高低及音色，但人耳聽不到超聲波。
		自然界的現象與交互作用（K）：波動、光及聲音（Ka）**	PKa-Vc-1 波速、頻率、波長的數學關係。
無線充電——跟電線說再見	介紹電與磁的交互作用原理，和生活中相關電器的應用，以及說明無線充電的原理與優缺點。	自然界的現象與交互作用（K）：電磁現象（Kc）	Kc-IV-4 電流會產生磁場，其方向分布可以由安培右手定則求得。 Kc-IV-6 環形導線內磁場變化，會產生感應電流。
隔空點火	看似簡單的蠟燭燃燒，卻蘊含著許多科學奧祕。藉由各種蠟燭的燃燒實驗，認識燃燒的要素，並理解滅火的原理。	物質的反應、平衡及製造（J）：氧化與還原反應（Jc）；化學反應速率與平衡（Je）；有機化合物的性質、製備及反應（Jf）	Jc-IV-2 物質燃燒實驗認識氧化。 Je-IV-1實驗認識化學反應速率及影響反應速率的因素，例如：本性、溫度、濃度、接觸面積及催化劑。 Jf-IV-2生活中常見的烷類、醇類、有機酸及酯類。
量子理論的先驅——普朗克	介紹普朗克的生平故事，他的努力不懈以滿足求知慾的心，並透過持續鑽研，而使跨世代的量子理論得以顛覆學術界。	能量的形式、轉換及流動（B）：溫度與熱量（Bb）	Bb-IV-4 熱的傳播方式包含傳導、對流與輻射。
		科學、科技、社會及人文（M）：科學發展的歷史（Mb）	Mb-IV-2 科學史上重要發現的過程，以及不同性別、背景、族群者於其中的貢獻。
在水上畫畫？！	介紹生活中的科學小實驗並與藝術結合，創造出屬於自己獨一無二的畫作，並說明此實驗背後的科學原理，以及進一步的衍伸實驗。	物質的組成與特性（A）：物質的形態、性質及分類（Ab）	Ab-IV-1物質的粒子模型與物質三態。
		物質的結構與功能（C）：物質的結構與功能（Cb）	Cb-IV-1 分子與原子。
		物質系統（E）：力與運動（Eb）	Eb-IV-3平衡的物體所受合力為零且合力矩為零。

*為國小課綱

**為高中課綱

如何
閱讀本書

每一本《科學少年學習誌》的內容都含括兩大部分，一是選自《科學少年》雜誌的篇章，專為 9～14 歲讀者寫作，也很合適一般大眾閱讀，是自主學習的優良入門書；二是邀請第一線自然科教師設計的「學習單」，讓篇章內容與課程學習連結，並附上符合 108 課綱出題精神的測驗，引導學生進行思考，也方便教師授課使用。

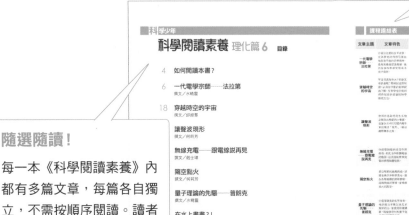

108 課綱「課程連結表」

逐篇標示對應的學習主題、內容與文章特色。讀者可依學校進度閱讀並練習，補充相關的課外知識。

隨選隨讀！

每一本《科學閱讀素養》內都有多篇文章，每篇各自獨立，不需按順序閱讀。讀者可依個人情況規劃合適的進度，也可憑喜好或學習歷程挑選文章閱讀，從平日開始培養科學素養。

主文為先

每一篇文章視主題大小寫作，或長或短。文章多由讀者有感的經驗或角度切入，並搭配大幅照片或圖片，讓讀者更容易進入。

獨立文字塊

提供更深入的內容，形式不一，可進一步探索主題。

說明圖

較難或複雜的內容，會佐以插圖做進一步說明。

學習評量

每篇文章最後附上專屬學習單，作為閱讀理解的評估，並延伸讀者的思考與學習。

主題導覽

以短文重述文章內容精華，協助抓取學習重點。

挑戰閱讀王

符合 108 課綱出題精神的題組練習測驗。

關鍵字短文

讀懂文章後，從中挑選重要名詞並以短文串連，練習尋找重點與自主表達的能力。

延伸知識與延伸思考

文章內容的延伸與補充，開放式題目提供讀者進行相關概念及議題的思考與研究。

一代電學宗師 法拉第

法拉第（Michael Faraday）自幼家貧，沒有受過正式的學校教育，卻以一個實驗助手的身分發現電磁感應現象，對電磁學做出巨大的貢獻。他提出的力場理論是科學領域中最重要的概念之一。此外，他也發明電解定律，創造了許多到目前仍普遍使用的電化學術語。

撰文／水精靈

法拉第小檔案

- 1791 年出生於英國倫敦附近的紐因頓小鎮，為貧窮鐵匠家庭之子。
- 14 歲成為書店學徒，學習裝訂書本的技術，也開始大量閱讀。
- 21 歲聽了戴維的演講，這是他一生的轉捩點。
- 30 歲製造出電磁迴轉機（馬達），論文發表時卻得罪了戴維，轉往化學界發展。
- 32 歲完成液化氯氣與硫化氫的實驗，隔年選上倫敦皇家學會會員。
- 40 歲發現電磁感應現象。
- 1867 年辭世，葬於北倫敦海格特公墓。

圖片來源：Shutterstock

平生不識法拉第，熟稔電學也枉然。法拉第是誰？大家或許有看過一種手搖式充電收音機，包裝盒上寫著「颱風天的最佳伴侶：只要用手轉一轉，就會發光與充電！」這種手搖充電收音機所運用的，正是「磁」生「電」的原理，而這個原理，最初就是法拉第經由實驗所證實。

法拉第出生於貧窮的鐵匠家庭，拮据的經濟環境迫使他只能勉強讀完兩年小學。他12歲時就得去當送報童，在14歲那年開始在書籍裝訂及銷售商——里伯（George Riebau）的書店當學徒。

一天晚上，里伯見到裝訂房裡燈火通明，於是推開房門説：「是法拉第嗎？還在讀書呀？」法拉第慌張站了起來，怯懦的點頭。

「嗯……不要再讀了，可別把你的眼睛搞壞了！」

「是，先生。但身為一個學徒……」法拉第轉頭看向書架：「我很喜歡閱讀這些我親手裝訂過的科學書籍。」

里伯感動於法拉第如此好學，便將一些裝訂後剩餘的書送給他。隔天一早，更佛心的將他調到校對部門，讓他一次看個夠。

第一次做筆記就上手

在這段能夠拚命看書的時間裡，有兩本書特別吸引法拉第的注意，其中一本是《悟性的提升》。由於法拉第只有小學畢業，並未受過完整的正規教育，因此將這本書中所説的五個讀書的原則與建議奉為圭臬：

1. 需要做個人筆記。
2. 需持續上課。
3. 要有讀書的夥伴。
4. 要成立讀書會。
5. 學習仔細的觀察與精確的用字。

其中，法拉第認為做筆記是讀書的關鍵，這個習慣也奠定了日後他成為偉大科學家的重要基礎。

另外一本讓他得到很多啟發的書則是《化學的對話》。他甚至節省零用錢，去買一些簡單便宜的儀器，照著書中的説明親自動手做實驗。

法拉第漸漸培養出對科學的興趣，獲得了許多關於電學與化學的知識。雖然書中的理論對當時的法拉第而言還太深奧，但確實成為帶領他進入科學殿堂的嚮導。

一生的轉捩點——遇見戴維

1812年，學徒期滿的法拉第遇到了生命中的貴人，這成為他一生的轉捩點。當時著名科學家戴維（Humphry Davy）準備在當地發表演講，講題是「自然哲學」，也就是現在所謂的「科學」。

戴維不僅是元素的發現者，更是英國皇家學會的第一把交椅！他精采的演説吸引社會各階層的人慕名而來。里伯的一位客人看到法拉第對科學充滿熱情，於是送給他戴維演講的入場券。

聽完戴維的演講後，法拉第再也按捺不住高漲的情緒，寫了一封信給當時的皇家學會

我一生最大的發現，
是發現了法拉第。

◀英國化學家戴維被譽為「無機化學之父」，
無疑也是法拉第的貴人。

主席，希望有機會成為皇家學會裡的助手，不論職位如何低下他都願意！但是對方毫無回應。

叩門失利的他並不灰心，反而發揮做筆記的專長，把戴維的演講精心整理、裝訂成冊之後，提筆寫信給戴維，並隨信附上厚達386頁的筆記。1812年底，戴維回信了！雖然信中沒有提到職缺，但貴為皇家學會一員的戴維，竟肯為一個窮困的裝訂學徒回信，讓法拉第感動不已！（據說筆記內容錯誤百出，加上是由一個升斗小民寄來，戴維並未保留下來。）

不久，戴維找法拉第擔任自己的實驗助理，薪水是每星期25先令，工作內容僅是保管實驗用的儀器，簡單來説，就是洗瓶子之類的打雜工。

同年5月，法拉第跟隨戴維前往歐洲大陸，進行學術考察。他在法國結交了安培（André-Marie Ampère）、給呂薩克（Joseph Gay-Lussac）等著名科學家；在義大利米蘭，他見到伏打（Alessandro Volta）。但另一方面，他必須以男僕的身分伺候戴維的夫人，並充當戴維的繕寫員和料理瑣事的雜務員。雖然出身上流社會的戴維，以英國紳士貫有的寬容與禮貌來對待法拉第，但高傲的戴維夫人對於來自下層階級的他，卻抱持著輕蔑的態度，經常故意在言詞與行為上侮辱他。不過法拉第總是逆來順受，委屈求全，正所謂「忍無可忍，就重新再忍」。

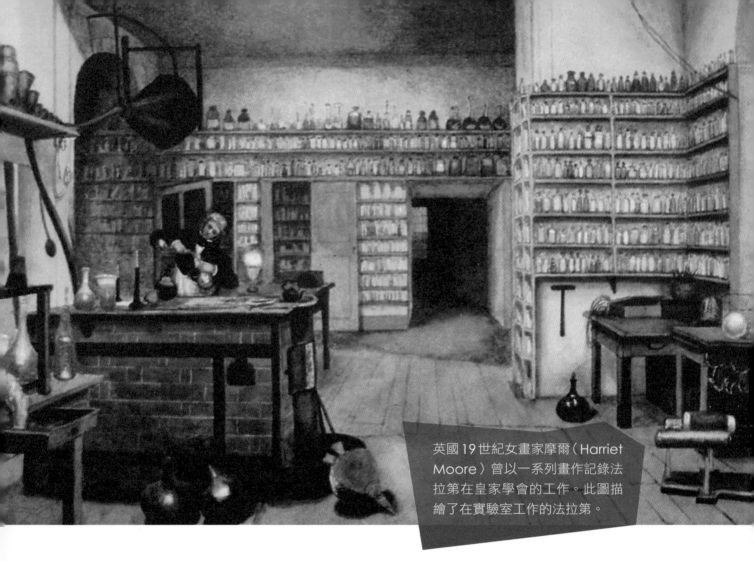

英國19世紀女畫家摩爾（Harriet Moore）曾以一系列畫作記錄法拉第在皇家學會的工作。此圖描繪了在實驗室工作的法拉第。

回到英國後，法拉第開始獨立的研究工作，並於1816年發表第一篇化學論文：「塔斯卡尼的生石灰分析」。當時他的心情既害羞又缺乏自信，最後鼓足了勇氣，親手在論文上簽上自己的名字：「麥克·法拉第」。自此，科學界不斷出現法拉第的身影。

劃時代的發明：電動機

西元1820年，丹麥科學家厄斯特（Hans Ørsted）發現電流的磁效應，當時皇家學會的會員歐勒斯頓（William Wollaston）心想：既然「電」能讓「磁」動，那「磁」是否也能讓「電」動？於是他找上戴維，並設計一個實驗：在磁鐵旁放一根通了電的導線，看它會不會旋轉。可惜實驗沒有成功，戴維便把這項工作交給了法拉第。

法拉第在收集資料時，對電磁現象產生了極大的熱情，一個人躲在皇家學會的地下實驗室裡日以繼夜的進行實驗，果真讓他試出了結果。他設計了「電磁迴轉」實驗，發現載流導線可以繞磁鐵旋轉，世界上第一個最簡單的電動機——馬達，就這樣誕生了。

不過，法拉第卻在此時做了一件不智之舉：在沒有通知戴維跟歐勒斯頓的情況下，獨自將結果寫成論文，並發表在《倫敦科學季刊》。歐勒斯頓知道之後，指責法拉第剽

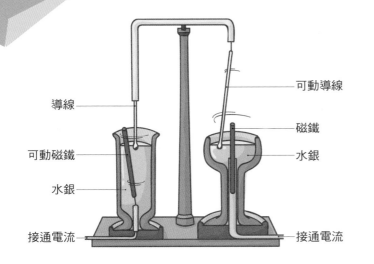

導線

可動磁鐵

水銀

接通電流

可動導線

磁鐵

水銀

接通電流

▶法拉第的電磁迴轉實驗。當接
通電流後，左側磁棒的上端會
繞導線下端旋轉，右側導線下
端會繞磁棒上端旋轉。

竊他的成果，戴維明明知道歐勒斯頓的實驗
並沒有成功，但出於嫉妒，也沒有替法拉第
緩頰。這次事件過後，法拉第被迫離開電磁
學研究數年之久，轉向化學。

法拉第在化學領域一樣嶄露了頭角，成功
液化了氯氣與硫化氫。然而在向皇家學會正
式報告前，戴維卻在報告上加了一段文字，
表示實驗是在他的指導下完成的。這讓法拉
第非常生氣，因為戴維不僅搶走他辛苦工作
的成果，而且扭曲了實驗原來的目的。但是
他秉持著「忍無可忍，就繼續再忍」的精神，
繼續埋頭實驗。

師徒交惡

法拉第研究的傑出成果，讓皇家學會開始
考慮把他納入皇家會員，如此一來，法拉第
不僅能具有學術地位，也能擁有自己選擇研
究題目的自由。

先前的電磁迴轉實驗加上這件事，讓戴維
大為惱火。這攸關戴維的面子問題，戴維一
直認為自己是英國最偉大的科學家，而法拉
第不過是一名裝訂學徒出身、洗瓶子的雜

工，居然能得到這麼大的榮耀！他不願意有
人搶了他的風采，想當然爾，他決不能答應
讓法拉第成為皇家會員。

這天下午，法拉第正在地下室做實驗，戴
維突然怒氣沖沖的推門進來。

「法拉第先生，聽說你最近準備進皇家學
會了，是真的嗎？」

「是其他人決定要提名的，我本人從來沒
有遞過什麼申請。」法拉第冷靜且壓抑著憤
怒回答。

戴維冷冷的勸告法拉第撤回申請，認為他
年紀還輕，過幾年再考慮進入學會也不遲。
但其實法拉第當時已年過三十，而戴維加入
皇家學會時只有二十幾歲。師徒之間產生了
嫌隙，不歡而散。

後來，法拉第的會員資格在 29 票贊成、
1 票反對的情形下順利通過——這反對票毫
無意外的，正是由戴維投下。

但時過一年之後，戴維卻像是轉了性情，
不再爭名逐利，甚至推薦法拉第成為皇家科
學院實驗室主任，並留下一句名言：「我一
生最大的發現，是發現了法拉第。」

大發現！電磁感應！

再把時間拉回 1821 年，法拉第完成電磁迴轉的實驗後，在日記中寫下：「『磁』能轉化成『電』。」他的口袋裡時常裝著一塊馬蹄形磁鐵、一個線圈。起初，他一再試圖用磁鐵靠近閉合導線，或想用電流使另一閉合導線中產生電流，但都失敗了。

1831 年某日，他把一段銅線繞成一個中空的圓柱形線圈，銅線的兩端接上電流計，再將一根長條磁鐵靠近線圈，但電流計的指針並沒有偏轉。深感沮喪的法拉第一氣之下，將長條磁鐵往圓柱形線圈裡頭插了進去。那一瞬間，他看見電流計的指針偏轉了一下。他心想，也許是眼花了，於是將磁鐵抽出來再試一次。不過這一抽，指針卻朝著反方向動了一下，他先是一愣，又將磁鐵插回，指針再度往原來的方向偏轉。

狂喜的法拉第扯開喉嚨大喊。他那賢慧溫柔的妻子聽他大聲嚷嚷，於是趕緊下樓，才一推門，便看見法拉第將磁鐵放入線圈又立刻拿出，不斷重複相同的動作，而電流計上的指針也像回應他的動作般，左左右右搖個不停。

一見到妻子，法拉第扔掉手中的磁鐵與線圈，高興的大喊有電了，有電了！並拿起筆寫下：「1831 年 9 月 23 日，『磁』終於變成了『電』……。」

十年啊！他與磁鐵和線圈共處，鑽研了十年啊！

法拉第發現了「磁」生「電」後，窮追不

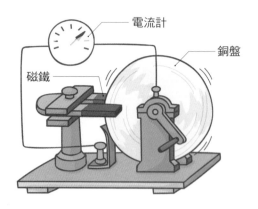

▲法拉第發明的銅盤發電機，是世界上第一臺發電機。

捨的繼續做了幾十個同類型的實驗。他先將長條磁鐵換成馬蹄形，將線圈換成銅盤，將銅盤連續轉動，即可獲得持續的電流，這就是世界上第一臺發電機。

他後來更指出：與感應電流有關的是磁力的變化，而不是磁力本身，這現象就是知名的「電磁感應」。法拉第並且引入了電力線與磁力線的概念，用鐵粉顯示磁棒周圍的磁力線形狀。

場的概念和力線的模型，對當時的傳統觀念而言是重大的突破。法拉第認為磁鐵周圍有磁力線，存在一個磁場，而導線周圍也有電場，可藉由通過「場」而產生相互作用。也就是說，可以把感應電流的產生歸因於導體「切割磁力線」。但是因為他的數學基礎太差，無法推導這個公式。

1832 年 3 月 12 日，法拉第寫下這個假設，但之後並沒有新的發展，彷彿他的假設被存入了時空膠囊。直到電磁感應現象發現 20 年後，才有一位天才打開這個時空膠

繪圖：姚裕評

> 無論我有多少把握或確定，
> 每個抉擇都是一次未知的賭注，
> 我看見人生有苦難有重擔，
> 我知道人性有邪惡有欺凌，
> 但是彷彿經過巧妙的設計，
> 末了對我都是美好與有益，
> 苦難竟是化妝的祝福。

◀法拉第 60 歲左右的身影，為美國 19 世紀知名攝影師布雷迪（Mathew Brady）的銀版攝影作品。

囊，最後得出了「電磁感應定律」。這位天才就是被譽為繼牛頓之後、在電磁學上達成「物理學的第二次大統一」成就的馬克士威（James Maxwell）。

法拉第於 1867 年 8 月 25 日在倫敦去世，之後與妻子合葬，墓坤上只簡單刻著他和妻子的姓名及生卒年月日。

除了電學，法拉第對溶液的電解研究也有卓越的貢獻，因此被稱為「電化學之父」。電解時用來表示通過電量大小的單位，就是以「法拉第」為名。1931 年 9 月 23 日，

愛因斯坦（Albert Einstein）在電機工業百年紀念日的講臺上推崇法拉第的貢獻，而他的書房桌前放了三位他所敬佩的科學家畫像，分別是牛頓、法拉第和馬克士威。

此外，法拉第也是一位偉大的教育家，著名的科學家焦耳、馬克士威、克耳文、歐姆、愛迪生等人，都深受他的提拔與影響。 科

作者簡介

水精靈　隱身在 PTT 裡的科普神人，喜歡以幽默又淺顯易懂的方式與鄉民聊科普，真實身分據說是科技業工程師。

一代電學宗師——法拉第

國中理化教師　李冠潔

主題導覽

　　法拉第是將一生奉獻給科學的偉大科學家，儘管出身貧寒，仍阻止不了他學習的決心，就算在科學這條路上處處受到打擊，依然澆不熄他對科學的執著；即使最愛的電學研究受到阻撓，他也沒有自暴自棄，而是轉往電化學的領域。正是這種天無絕人之路的決心，讓法拉第在化學、電化學、電學等多項領域都有傑出的貢獻。也因為法拉第不放棄的精神，讓他發現了電磁感應、發明了馬達。我們如今能夠擁有如此便捷的科技與方便的生活，都要感謝法拉第的犧牲奉獻與堅持！

　　閱讀完〈一代電學宗師——法拉第〉文章後，你可以利用「挑戰閱讀王」了解自己對文章的理解程度，並檢測你對法拉第的電學是否有充分的認識。

關鍵字短文

　　〈一代電學宗師——法拉第〉文章中提到許多重要的字詞，試著列出幾個你認為最重要的關鍵字，並以一小段文字，將這些關鍵字全部串連起來。例如：

關鍵字：1. 電磁感應　2. 發電機　3. 電化學　4. 液化　5. 馬達

短文：法拉第是一位偉大且勤奮的科學家，若沒有法拉第，就沒有現在便捷的科技。我們生活周遭無處不用電，大大小小的電器裝置，方便了我們的生活，不論是電器內運轉的馬達、使用電磁感應的無線充電技術，或是現代發電機的前身，都奠基於法拉第的研究貢獻。法拉第的偉大在於化學、電化學等多方面的成就，並且首度將氣體液化，開啟了低溫化學的序幕。

關鍵字：1.＿＿＿＿＿　2.＿＿＿＿＿　3.＿＿＿＿＿　4.＿＿＿＿＿　5.＿＿＿＿＿

短文：＿＿＿＿＿＿＿＿＿＿＿＿＿＿＿＿＿＿＿＿＿＿＿＿＿＿＿＿＿＿＿＿＿

＿＿＿＿＿＿＿＿＿＿＿＿＿＿＿＿＿＿＿＿＿＿＿＿＿＿＿＿＿＿＿＿＿＿＿＿

＿＿＿＿＿＿＿＿＿＿＿＿＿＿＿＿＿＿＿＿＿＿＿＿＿＿＿＿＿＿＿＿＿＿＿＿

挑戰閱讀王

閱讀完〈一代電學宗師——法拉第〉後，請你一起來挑戰以下題組。

答對就能得到👍，奪得 10 個以上，閱讀王就是你！加油！

☆在 19 世紀之前，人們認為電與磁是兩種毫不相關的物理現象，各自獨立互不影響。直到 1820 年，丹麥物理學家厄斯特發現通電的導線可使指南針偏轉，人們才知道原來電流可以產生磁場，這就是著名的電流磁效應。根據安培右手定則，我們可以知道電流與磁場的方向互相垂直，當大拇指指向為電流方向，其餘四指所指的方向即為磁場方向，如右圖。試根據描述回答下列問題：

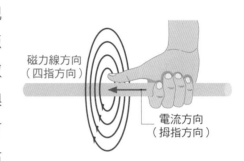

磁力線方向
（四指方向）

電流方向
（拇指方向）

（　　）1.通有直流電的長直導線四周會形成磁場，下列敘述何者正確？（答對可得到 1 個👍哦！）
　　　　①此現象稱為電磁感應　②所產生磁場的方向與電流平行
　　　　③電流可以產生磁場，但磁場不能產生電流
　　　　④愈靠近導線，則磁場強度愈強

（　　）2.恩恩桌上立著一個鉛直方向的長直導線，若他通以由上而下的電流，並俯視觀察，導線周圍的磁場方向應為何？（答對可得到 1 個👍哦！）
　　　　①向上　②向下　③順時針方向　④逆時針方向

（　　）3.關於電流磁效應的敘述何者錯誤？（答對可得到 2 個👍哦！）
　　　　①通電的導線周圍可以吸引鐵釘　②電流消失銅線仍有磁性
　　　　③電流方向如果改變，磁場方向會跟著改變　④交流電也能產生磁場

☆通電的導線周圍會產生磁場，此原理稱為電流磁效應，馬達就是利用電流磁效應的原理製造，馬達的簡易構造如右圖，中間有一綑線圈纏繞的電磁鐵（又稱電樞），只要通電

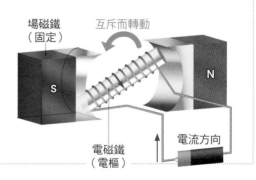

場磁鐵
（固定）

互斥而轉動

S

N

電磁鐵
（電樞）

電流方向

就會在兩端產生磁極，線圈周圍有固定的場磁鐵，場磁鐵是固定不動的永久磁鐵。馬達通電後，線圈產生的磁場會與周圍固定磁鐵產生的同名極互相排斥，達到旋轉的效果。電流磁效應的應用不只有馬達，還有電話聽筒、耳機、擴音器、電磁鐵起重機、電風扇……等等，許多日常生活用品的設計都跟電流磁效應有關。請回答下列相關問題：

（　）4.讓馬達轉動所應用的原理包含下列哪些？（多選，答對可得到 2 個👍哦！）
　　　①電流磁效應　②同名極互斥　③電流化學效應　④電磁感應

（　）5.關於馬達的敘述下列何者錯誤？（答對可得到 1 個👍哦！）
　　　①馬達不需要通電就可以藉由磁力轉動　②馬達內部含有電磁鐵
　　　③馬達需要通電才能運轉　④馬達內部有兩顆永久磁鐵

（　）6.馬達利用的是電流磁效應，與法拉第後來發現的電磁感應兩者原理不同，下列何者才是電流磁效應的原理？（答對可得到 1 個👍哦！）
　　　①將磁鐵通電後會使磁鐵的磁性消失
　　　②將線圈中間放入磁鐵，使線圈產生感應電流
　　　③將線圈通入直流電後，導線周圍會產生穩定磁場
　　　④將鎳鉻絲等金屬通電後會產生熱能

（　）7.下列哪個日常用品的設計與電流磁效應無關？（提示：內有馬達或電磁鐵的用品，都會應用到電流磁效應。）（答對可得到 1 個👍哦！）
　　　①吸塵器　②吹風機　③電磁鎖　④烤箱

☆西元 1820 年，丹麥物理學教授厄斯特正在課堂上教授電學時，偶然發現一條通有電流的導線，靠近磁針後竟使磁針發生偏轉，因此發現了電流磁效應。法拉第也因此獲得了啟發，他認為既然電能產生磁場，磁場應該也能產生電流才對，但直到十年後，1831 年，法拉第才終於成功，在改變通入線圈內的磁場後，讓原先沒有電流的封閉線圈產生了電流，這個現象就稱為電磁感應。他也利用這個原理成功製造出第一臺發電機，從此人類不只有了穩定的電，現代許多科技的應用也跟電磁感應有關，例如電磁爐、變壓器，或是無線充電技術……等等。法拉第鍥而不捨的精神和無私奉獻的態度，讓人類的科技有了突破性的發展！

（　　）8.電磁感應之所以延滯那麼久才讓人發現，是因為磁場必須在螺形線圈中不停改變才能產生電流，下列哪張圖片的線圈不會產生感應電流？（答對可得到 2 個👍哦！）

①上下振動　　②左右移動　　③繞軸線旋轉　　④繞磁鐵端點擺動

（　　）9.電磁感應是指利用通過線圈周圍的磁場發生變化，即可產生感應電流。關於這項原理，下列哪一項敘述正確？（答對可得到 1 個👍哦！）
①由丹麥科學家厄斯特提出　　②磁場愈大則感應電流愈大
③磁場必須有變化才會產生電流　　④電磁鐵是電磁感應的應用

延伸知識

電流磁效應和電磁感應的應用：生活周遭許多用品都跟電流磁效應或電磁感應有關係，這些原理的發現，大大改變了人們的生活習慣，像是以前的信用卡上面有磁條，必須插入讀卡機中才能讀取資料；磁條使用久了，會有磨損或消磁的風險，更不用說那麼多卡片，不僅攜帶不方便，還可能遺失。現在許多卡片都改用線圈和晶片感應，甚至可以直接安裝在手機或手錶上，直接使用電子支付就好，不必擔心卡片被消磁、遺失，出門甚至不需要攜帶錢包，可以說科技的進步完全改變了我們的生活模式！

延伸思考

1.查查看，電磁感應還改變了人們的哪些生活習慣？
2.上網或從書本了解馬達的構造與原理，為什麼馬達不會旋轉半圈就與場磁鐵相吸而停住呢？
3.除了馬達、發電機、充電器之外，生活周邊還有哪些常用電器，運用了電磁感應的原理？查查看微波爐、水波爐、電磁爐等爐具的原理是否相同？
4.無線充電是非常方便的充電方式，請進一步了解無線充電的原理。

超越時空的宇宙

宇宙是什麼？宇宙包含了所有空間及萬物，
甚至連時間也是宇宙的一部分。
渺小如人類，對宇宙又有多少了解？

撰文／邱淑慧

「**我**要蓋一間超級大的房子！」「那我要蓋一間宇宙超級無敵大的！」你心想，宇宙總該是最大了吧！可是，要怎麼知道宇宙有多大呢？宇宙有一定的大小嗎？如果有，那宇宙的外面是什麼？而且，這樣一來，宇宙不就不是最大的嗎？

首先，我們要先了解宇宙是什麼。古文中解釋：「上下四方曰宇，古往今來曰宙。」所以宇宙一詞其實涵蓋了時間和空間，包含了從古至今發生的事，也包含了空間中所有物質和能量。自古以來，夜空那片有著繁星點綴的無盡黑暗，吸引著人們不斷向更深遠處探尋。原本以為地球便是全宇宙，接著發現，連太陽系也不是宇宙的中心，往後更驚覺，即使是銀河系，也只是宇宙中數千億個星系之一！這麼大的宇宙，還有散布其中的滿天星星，一開始是打哪兒來的呢？我們對宇宙了解得愈多，才發現原來不了解的有更多。對宇宙的無窮好奇，引領著我們不斷探索觀察，看得愈來愈深、愈來愈遠。

宇宙哪裡來？

要探討宇宙的由來，得先從宇宙的「現況」談起。聽過「宇宙膨脹」嗎？你相信宇宙正變得愈來愈大嗎？在 1920 年代以前，大多數人相信宇宙的大小是固定的。當愛因斯坦以相對論進行宇宙相關的計算時，發現宇宙並非穩定的，還特地在方程式中加入一個常數，好讓宇宙可以維持穩定（後來愛因斯坦自認這是他犯過最大的錯誤）。

直到西元 1922 年，前蘇聯科學家佛里特曼（Alexander Friedmann）以相對論為基礎建立方程式，計算結果得出宇宙應該是逐漸膨脹的，科學界才改變想法。

勒梅特：
宇宙是從大霹靂來的！

宇宙膨脹的想法在 1929 年經由美國科學家哈伯（Edwin Hubble）的觀測證實了。哈伯觀測許多遙遠的星系，以測量「紅移」的方式，發現遙遠的星系正在遠離我們，而且愈遙遠，遠離的速度愈快。至此，科學界首度證實了宇宙是愈來愈大的。

既然宇宙正在膨脹，若想要知道宇宙原來

什麼是「紅移」？

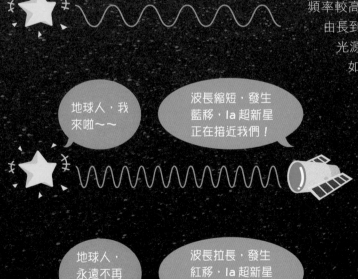

我是 Ia 超新星，這是我放出的光～～

地球人，我來啦～～

波長縮短，發生藍移，Ia 超新星正在接近我們！

地球人，永遠不再見了～～

波長拉長，發生紅移，Ia 超新星正在遠離我們！

光是電磁波，不同顏色的光有不同的波長與頻率，以人類肉眼可見的可見光而言，紅光波長較長、頻率較低，藍光波長較短、頻率較高，彩虹的「紅橙黃綠藍靛紫」，就是依據波長由長到短排序。

光源相對於觀測者的運動，會影響觀測到的波長。如果光源正在遠離我們，它發出的光波長會被拉長，稱做「紅移」；反之如果光源正在靠近，波長會縮短，稱為「藍移」。光源的運動造成波長改變，稱做「都卜勒效應」，聲波也會有類似的現象——仔細聽聽垃圾車逐漸靠近你時的音樂，以及它經過你之後遠離時的音樂，是不是好像突然被「降 Key」？這不是垃圾車音響壞掉了，而是都卜勒效應在作祟！哈伯就是觀測到宇宙深處發出的光發生了「紅移」，才證實了宇宙正在膨脹。哈伯用「Ia 超新星」當作標準，這種超新星在爆炸時放出的光度很一致，可以從觀測到的亮度判斷它們的距離，再分析它們的光譜分布，就能知道它們所在地的紅移量，推測出宇宙正在膨脹。

繪圖：黃榆儒

的樣子，可以把星系的運動像倒帶一樣，往反方向回推就是了。但這麼一來，不就會聚集到一個小點上了嗎？這就是 1931 年比利時科學家勒梅特（Georges Lemaitre）提出的「大霹靂」學說：宇宙所有物質一開始應來自一個極小的點，這個點凝聚了所有物質，密度極高；後來發生大爆炸，就像施放煙火一般使物質向外擴張，直到今日。接著物理學家伽莫夫（George Gamow）更提出大霹靂發生時能量很大、溫度非常非常高，隨著宇宙逐漸膨脹才慢慢冷卻，並計算出冷卻至今應有的溫度。

如果可以量到這個餘溫，就能證明大霹靂的說法。但要怎麼做？1964 年，美國貝爾實驗室的潘齊亞斯（Arno A. Penzias）和威爾遜（Robert W. Wilson）在進行微波波段的觀測工作時，發現天空中各方向均勻

我有問題？

大霹靂造成宇宙在膨脹，那太陽系會因此愈來愈大嗎？

距離較近的物體，因為萬有引力的作用很強，遠遠超過宇宙膨脹的影響，因此並不會愈來愈遠，例如太陽系內的行星之間，還有我們的銀河系和鄰近的星系之間，距離並不會因為宇宙膨脹而愈來愈遠。

布滿微波雜訊，就算把所有可能的干擾源都去除了，雜訊還是存在，這個雜訊的能量相當於絕對溫度 3K 的發光體發出來的。這是一項重大的發現，伽莫夫的理論因而獲得證實，而這個輻射稱為「宇宙微波背景輻射」（CMB），科學家相信這是大霹靂至今殘留的「餘溫」。後來透過衛星觀測，更精確的測量出這溫度相當於絕對溫度 2.7K。

▲宇宙微波背景輻射的圖像

潘齊亞斯、威爾遜：
I see you！
找到大霹靂的證據 CMB 了！！

宇宙哪裡來？

大霹靂學說是目前的主流，一般相信宇宙來自一個點的爆炸，並且逐漸膨脹，那膨脹到現在到底多大了呢？

首先我們得先知道宇宙形成的時間大約有多久。科學家計算宇宙年齡的方法有很多，目前最廣為接受的測量結果是，從宇宙形成至今至少有 138 億年。這代表來自大霹靂的光，前進了 138 億光年那麼遠（一光年是光走一年的距離），也就是說，我們可以觀察到的宇宙大小應該是 138 億年？不對！你想想看，這道光發出時的位置距離我們確實是 138 億光年，但是發出這道光的天體，在這 138 億年間隨著宇宙的膨脹已

經離得更遠，所以雖然我們可以觀察到它在 138 億年前發出的光，但是根據宇宙膨脹的理論速度來計算，它現在其實已經距離我們有 460 億光年遠了。那麼，宇宙的大小是半徑 460 億光年？

還是不對！為什麼呢？因為「可見宇宙」和「宇宙大小」並不相同。對我們來說，可見宇宙是我們周遭半徑 460 億光年的範圍，但是如果宇宙的另一個角落有另一位觀測者（比如說外星人），他的可見宇宙就是以他為中心、半徑 460 億光年的範圍，跟我們所處的範圍並不相同。這就好比在黑暗的大房間中，每個人手上拿著一個發光的燈泡站在房間中

◀可見宇宙就像是在黑暗的房間裡，每個人拿著一盞燈，大家所能看見的都是自己周遭的圓球範圍，但這不能代表整個房間的大小。

繪圖：曾建華

不同的位置。如果這個燈泡可以照亮的距離是 100 公分，那每個人都可以看見房間中半徑 100 公分的圓球範圍，但每個人看見的範圍分布在不同的位置，並無法推出房間的真實大小。

宇宙的真實大小，目前只能用各種對宇宙的假設理論來推算。科學家針對宇宙建立了許多不同的理論模型，其中的變因包括宇宙的形狀、宇宙的膨脹速度和宇宙的組成等。不同的模型計算出的宇宙大小也就不同，因此要藉由不斷精進的觀測技術，來確認其中的參數或是去除錯誤的假設。目前認為，宇宙的大小至少是可見宇宙的 250 倍！

我們的可見宇宙好小喔！

▲如果整個頁面是宇宙，我們的可見宇宙只有大約 0.1cm²。

我有問題

要怎麼知道宇宙的年齡？

1. 利用哈伯定律。哈伯提出，星系遠離的速度和距離成正比，所以可以寫成 $V=H_0D$（V：遠離速度，H_0：哈伯常數，D：距離）

如果宇宙的最遠處距離為 R，而且遠離速度保持不變為 V，那麼需要的時間為：$t=R/V=1/H_0$

藉由觀測宇宙膨脹的情形，求得哈伯常數 H_0，就可以推測出宇宙的年齡。

2. 尋找古老的恆星，可以知道宇宙的年齡至少有多久，因為宇宙的年齡一定比恆星老。目前已知最古老的恆星為編號 HD 140283 的恆星。

3. 測量重元素的比例。放射性元素會隨時間衰變減少，而且衰變的速度是已知的，藉由量測重元素的比例，可以估計重元素是在多久以前藉由核融合形成。

例如鈾 238 這種元素，大約每 45 億年會有一半衰變為比較穩定的元素鉛 206。

當我們找到古老的恆星，分析它的成分裡鈾 238 和鉛 206 的比例，就可以推估恆星的年齡。

就好比如果你有 100 元，但是每隔 10 分鐘就要給我一半的錢，那麼 20 分鐘後，你只剩下 25 元，我會有 75 元，所以從我們擁有的錢的比例，就可以知道時間經過了多久。

我已經 137 億歲了……

HD 140283

宇宙成長史

　　大霹靂之後，怎麼演變成現在的宇宙呢？大霹靂剛發生時，只有基本粒子和能量，連原子都沒有，當然也還沒有恆星形成，所以不會發光。一開始宇宙的膨脹速度非常快，約在 $10^{-35} \sim 10^{-33}$ 秒間迅速膨脹了 10^{50} 倍，稱為暴脹。暴脹結束後，宇宙膨脹的速度減慢，大致維持穩定。

　　關於宇宙暴脹理論的證據，有個可能的尋找方法：科學家認為宇宙早期能量很強，暴脹的過程擾動時空結構，形成初始重力波，並且會影響宇宙微波背景輻射。2014 年 3 月，由郭兆林博士在美國帶領的研究團隊偵測到重力波的訊號，引起了科學界的關注，有可能證實暴脹理論，但是相關的數據還需要更進一步確認。

　　恆星又是怎麼形成？2003 年美國航太總署的威金森微波異向性探測器（WMAP）以及後來歐洲太空總署的普朗克衛星，針對 CMB 做了精確的測量，結果發現，CMB 並不如原本想的完全均勻，而是有微小的擾動（溫度的分布不均，擾動的幅度約是 10 萬分之一）。這擾動雖小，卻非常重要。

　　科學家認為，在大霹靂之後，CMB 的微小擾動使得物質在向外擴散時，密度有微小的不均勻，密度稍微較高的地方，會因為萬有引力而逐漸聚集收縮，先是在大霹靂後 4 秒產生質子、中子和電子等次原子粒子，在爆炸後 3 分鐘形成氫和氦原子核，在 40 萬

圖片來源：達志影像

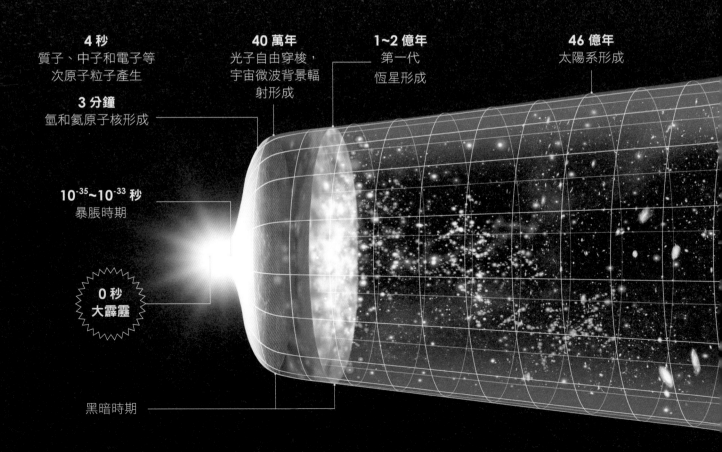

4 秒
質子、中子和電子等
次原子粒子產生

3 分鐘
氫和氦原子核形成

40 萬年
光子自由穿梭，
宇宙微波背景輻
射形成

1~2 億年
第一代
恆星形成

46 億年
太陽系形成

$10^{-35} \sim 10^{-33}$ 秒
暴脹時期

**0 秒
大霹靂**

黑暗時期

年時，電子和原子核結合形成氫原子和氦原子。在這之後，光子才能自由穿梭（否則會因為和電子碰撞而轉變為輻射能量），這就是我們觀測到的 CMB。

接下來，宇宙開始了一段沒有光的時期，稱為「黑暗時期」，這段時期的宇宙樣貌始終是個謎。幸好，在恆星形成之前，因為已經有氫原子存在，而氫原子會發出一種波長 21 公分的電磁波，藉由精密的儀器偵測這個波段的電磁波，有助於我們了解黑暗時期發生了什麼事。天文學家也利用觀測遙遠氣體雲的成分，來窺探黑暗時期的宇宙樣貌，這些氣體雲是第一代恆星死亡爆炸後產生的雲氣，藉由氣體雲的元素組成，可以推測第一代恆星形成時的宇宙。

由氫和氦原子組成的氣體雲氣因萬有引力而聚集收縮，當壓力大到足以使內部進行核融合反應，時間約在大霹靂後 1～2 億年，第一代恆星開始發光誕生。這些第一代恆星的質量都很大，壽命只有數百萬年，但它們死亡時會產生劇烈的爆炸，稱為「超新星爆炸」，並促成新恆星誕生。根據估計，銀河系中有數千億顆恆星，而宇宙中約有數千億個像銀河系這樣的星系，所以宇宙中的恆星數量是數千億再乘以數千億，目前認為應該約有 7×10^{22}，也就是 7 的後面有 22 個零這麼多！

要怎麼知道宇宙以前的樣貌呢？前面提過宇宙是時空的結合，所以當我們看向宇宙愈深遠處，其實是看到宇宙愈久遠前的樣子。例如，當我們觀察距離地球 10 光年遠的恆星時，其實是看到它 10 年前的樣貌，而不是現在的樣子，所以觀察所有距離我們 10 光年的星體時，就是看到宇宙在 10 年前的樣貌，可藉此一窺過去的宇宙。

我有問題

什麼是重力波？

根據愛因斯坦的廣義相對論，重力是質量對空間造成的扭曲，就像把球放在一塊布上會造成布面彎曲。質量造成的扭曲並非一直靜止在物體附近，而會在空間中傳遞，就像石頭掉入水中時水波會向外傳遞一樣，這就稱為重力波。

138 億年
現在

宇宙的最終命運

我們對於宇宙的現在和過去已了解得愈來愈多，關於宇宙未來的命運呢？

科學家曾提出兩種看法，其中一種認為宇宙的膨脹會漸漸減緩，因為大霹靂的能量減弱，而物質間的重力取得優勢，因此膨脹會漸漸減緩，之後因為重力收縮使得宇宙變小，回復到一個點的狀態，再次大爆炸，如此循環不已。另一種則認為宇宙會因為大霹靂的能量而一直膨脹下去，無限擴大。

原本第一種說法獲得許多科學家青睞，但是在 1998 年，天文學家觀測發現宇宙的膨脹不但沒有減速，反而愈膨脹愈快。科學家據此推測，宇宙中存在著「暗能量」，約占宇宙總質能的 68.3%。目前科學家認為宇宙中，會發出或反射電磁波的可見物質（如恆星和星雲）僅占整個宇宙質能的 4.9%，暗能量占 68.3%，其他 26.8% 則是不會與光作用而無法直接觀測到的暗物質。暗能量有如重力的相反，會使物質之間相斥，當物體距離較遠時，重力的重要性減弱，暗能量的作用取得優勢，造成物體相斥，因此加速膨脹。

但問題是，暗能量的密度是固定的？還是會隨時間增加或減少？這是宇宙命運的關

繪圖：黃榆儒

宇宙的三種可能命運

1 暗能量密度隨時間減少

大霹靂

宇宙逐漸收縮　　　　宇宙膨脹

膨脹到一個程度，重力開始取得優勢。

2 暗能量密度不變

宇宙穩定膨脹，星系彼此離得愈來愈遠。

宇宙膨脹

大霹靂

鍵。如果暗能量的密度是固定的，宇宙會穩定的持續膨脹下去，星系團之間也會愈離愈遠，有些現在看得見的，數十億年之後在地球上就觀測不到了。如果暗能量的密度會隨時間增加，那麼宇宙會持續加速膨脹一段時間，直到星系、行星、甚至原子都已經被向外的力量給扯裂了，稱為「大解體」。如果暗能量的密度隨著時間減少，那麼重力會漸漸取得優勢，宇宙最終會因為物質間重力吸引而減速膨脹，收縮回到一個點，然後再次發生大霹靂而膨脹，如此不斷反覆。

我有問題

物質和能量
為什麼可以一起算？

討論宇宙組成時，科學家會將「物質」與「能量」混在一起，因為物質與能量其實是可以互換的，也就是愛因斯坦著名的質能公式——$E=mc^2$ 的主要涵義。核能發電便是利用鈾元素衰變時損失的一點點質量，轉換成能量來發電。

科學家將物質與能量換算後，得到宇宙的組成為可見物質 4.9%，暗能量 68.3%，暗物質 26.8%。

暗物質
26.8%

可見物質
4.9%

暗能量
68.3%

3 暗能量密度隨時間增加

宇宙加速膨脹，宇宙中的組織及一切事物都被扯裂。

宇宙膨脹

大霹靂

宇宙之外的宇宙

　　如果如大霹靂理論所指，宇宙具有邊界，那宇宙之外是什麼呢？是全然的黑暗，空無一物，還是有別的東西存在？會有別的宇宙存在嗎？科幻小說或電影裡常出現的「平行宇宙」是真的嗎？

　　「平行宇宙」也稱多重宇宙，這樣的想法原本大多出現在科幻小說中，和科學並無關聯。直到1954年美國普林斯頓大學的物理博士生艾弗雷特三世（Hugh Everett III）提出，應有多個宇宙存在，每個宇宙都和我們有關，而我們也是別的宇宙的分支。當在某個宇宙做了一個決定，造成不一樣的結果時，事實上另一個結果會呈現在另一個宇宙中；不同的選擇會在不同的宇宙中呈現結果，在不同的宇宙裡會有不同的命運。例如當大雄搭乘哆啦A夢的時光機回到過去，改變了過去的自己，進而影響到未來的命運，那其實是發生在另一個宇宙，而原來的宇宙依然存在，裡面大雄的命運並沒有改變。聽起來很神奇吧！這種「多個世界」的想法一開始並不受重視，許多人認為這只是胡思亂想。

　　但後來為了解釋某些物理現象，「多個世界」的想法開始受到重視。比如，地球上生命的出現來自許多微妙的「巧合」，這些巧合中只要少了一項，生命就不會出現。科學家覺得很不解，為什麼地球的條件如此「剛好」？因此，是否可能有其他的宇宙，並不像我們這樣具備所有巧合，因此產生了不同的結果。也就是說，可能存在著

許多不同的宇宙，這些宇宙裡的物理定律和現象，可能和我們的宇宙一樣，也可能不同——另一個宇宙裡可能也有一個你，只是在做著不同的事，但這些宇宙之間並無法接觸或彼此觀察。有愈來愈多科學家提出關於平行宇宙的理論和看法，但始終無法觀察與證實。

近年來有許多的宇宙相關觀測結果發表，和平行宇宙的理論之間有某部分吻合，例如 2013 年普朗克衛星針對 CMB 的觀測，顯示在南部天空輻射更加密集，同時還存在著一個目前物理學無法解釋的「冷點」（溫度較低的區域），有科學家便認為，這樣的異常，是宇宙大霹靂時，其他宇宙對我們宇宙的拖曳作用造成的，可說是其他宇宙存在的佐證。這些都還只是初步的成果，關於平行宇宙的理論仍然有許多爭議和不確定性。

科學家藉由知識和想像力提出理論、設計儀器，再藉由觀測不斷驗證，人類的視野因此不斷向外擴展，許多原本不受重視或被認為荒謬的想法，都有可能成真，宇宙學就是這樣一門充滿想像空間與魅力的科學。 科

作 者 簡 介

邱淑慧　中央大學天文研究所碩士，現任國立花蓮女中地球科學教師。

圖片來源：Shutterstock

穿越時空的宇宙

國中理化教師　黃冠英

主題導覽

　　大家熟知的太陽系約在 46 億年前形成，但太陽系的形成僅是宇宙成長的一部分，在大霹靂後，宇宙發生了哪些變化，才演變成今日我們所見的樣貌呢？目前科學家推估宇宙形成至少 138 億年，若再過幾億年，未來宇宙有可能變成如何？

　　〈穿越時空的宇宙〉說明了宇宙的成長史，宇宙在大霹靂後如何從基本粒子和能量，逐漸膨脹演變成今日樣貌，相關的研究也讓你更了解宇宙的膨脹是如何得知。最後並介紹宇宙的三種可能命運，讓你更加了解宇宙的過去、現在以及未來。

　　閱讀完文章後，可以利用「挑戰閱讀王」了解自己對文章的理解程度，「延伸知識」中補充了大霹靂學說及都卜勒效應，可以幫助你更認識宇宙的演進史！

關鍵字短文

〈穿越時空的宇宙〉文章中提到許多重要的字詞，試著列出幾個你認為最重要的關鍵字，並以一小段文字，將這些關鍵字全部串連起來。例如：

關鍵字：1. 紅移　2. 宇宙膨脹　3. 大霹靂　4. 平行宇宙　5. 光年

短文：宇宙從一開始的基本粒子和能量，經過大霹靂後，歷經原子的產生、恆星系統的形成，慢慢演變成現在的樣貌。目前推算宇宙年齡至少有 138 億年，並根據哈伯觀測到光的紅移現象，證實宇宙膨脹仍持續進行中。目前推測宇宙的半徑大小，至少是 460 億光年的 250 倍。未來宇宙究竟會再持續膨脹或者逐漸收縮，甚至是否有另一個平行宇宙的存在，都還有待觀測及證實。

關鍵字：1.＿＿＿＿＿　2.＿＿＿＿＿　3.＿＿＿＿＿　4.＿＿＿＿＿　5.＿＿＿＿＿

短文：＿＿＿＿＿＿＿＿＿＿＿＿＿＿＿＿＿＿＿＿＿＿＿＿＿＿＿＿＿＿＿＿＿＿

＿＿＿＿＿＿＿＿＿＿＿＿＿＿＿＿＿＿＿＿＿＿＿＿＿＿＿＿＿＿＿＿＿＿＿＿

＿＿＿＿＿＿＿＿＿＿＿＿＿＿＿＿＿＿＿＿＿＿＿＿＿＿＿＿＿＿＿＿＿＿＿＿

挑戰閱讀王

閱讀完〈穿越時空的宇宙〉後，請你一起來挑戰以下題組。

答對就能得到👍，奪得 10 個以上，閱讀王就是你！加油！

☆ 1920 年代以前，大多數人相信宇宙大小是固定的，後來才開始有科學家猜測宇宙應該是逐漸膨脹，請回答下列宇宙膨脹研究的相關問題：

（　）1. 下列哪一個科學家，經由觀測許多遙遠的星系，並以測量紅移的方式發現這些星系都在遠離我們？（答對可得到 1 個👍哦！）

　　　①佛里特曼　②哈伯　③勒梅特　④伽莫夫。

（　）2. 遙遠的星系正在遠離我們，因此觀測到的光若發生紅移現象，波長會逐漸產生什麼變化？（答對可得到 2 個👍哦！）

　　　①拉長　②縮短　③不變。

（　）3. 下列有關宇宙膨脹的研究，何者敘述正確？（答對可得到 2 個👍哦！）

　　　①宇宙所有物質一開始應來自一個極小的點，密度極小，後來發生大爆炸使物質往外擴張

　　　②大霹靂發生時能量很大且溫度非常高，隨著宇宙逐漸膨脹溫度持續上升

　　　③大霹靂殘留的餘溫能量相當於 3K 的發光體發出的能量大小

☆宇宙的成長史中，大霹靂剛發生時，迅速暴脹了 10^{50} 倍，接著產生各種粒子。請根據文章回答下列相關問題：

（　）4. 在宇宙發生大霹靂後，下列哪一種粒子可能是最早形成的？（答對可得到 1 個👍哦！）

　　　①質子　②氫原子核　③氦原子。

（　）5.（a）太陽系形成、（b）暴脹時期、（c）氫原子的產生、（d）黑暗時期，上述四個階段，請依序排列出宇宙從大霹靂後的演變順序。（答對可得到 2 個👍哦！）

　　　①a→b→c→d　②b→c→d→a

　　　③c→d→a→b　④d→a→b→c

☆大霹靂學說是目前宇宙演變理論的主流，認為宇宙逐漸在膨脹，但宇宙到底有多大呢？請回答下列相關問題：

（　　）6.宇宙間以光年為單位，請問光年是哪一種物理量的單位？（答對可得到 1
　　　　　個👍哦！）
　　　　　①時間　②距離

（　　）7.下列有關宇宙大小的敘述，何者正確？（答對可得到 1 個👍哦！）
　　　　　①宇宙的大小是 138 億光年
　　　　　②宇宙的大小是 460 億光年
　　　　　③宇宙的大小至少是 460 億光年的 250 倍

延伸知識

1. **大霹靂學說：** 天文學家伽莫夫提出宇宙形成的「大霹靂」理論具有如下的過程：

　①大霹靂：宇宙起源於一次大霹靂，誕生的那一瞬間，從「無」急速膨脹，逐漸
　　　演變成巨大的宇宙。

　②時空生成：爆炸使宇宙開始膨脹，就是所謂的「真空暴脹」，因而生成了時空。

　③粒子時代：時空生成的初期，溫度高到只有基本粒子、反粒子和輻射的存在。

　④核子過程：爆炸後三分鐘左右，溫度下降，質子、中子等開始進行核融合反應，
　　　形成了氫、氘（重氫）和氦的原子核。

　⑤原子過程：數十萬年後熱輻射溫度持續下降，物質與熱輻射之間的作用減弱，
　　　使得氫原子核與電子停止游離，組成氫原子。

　⑥引力過程：電磁力和接續的重力之引力，使原子逐漸由均勻狀態凝聚成團，熱
　　　輻射則繼續均勻而無方向的冷卻，直到成為科學家所觀測到的宇宙背景輻射。

　⑦星系形成：從數十萬年到數億年間，物質開始聚合成星系，銀河系和太陽系便
　　　是在此時期形成。

　⑧至今：爆炸後的十億年後，我們今日所見的宇宙已大致形成，只不過各星系間
　　　隨著宇宙的膨脹而繼續遠離。

2. **宇宙微波背景輻射：** 宇宙年輕時處處高溫，但大霹靂後逐漸膨脹，溫度也逐漸降
　　低，所遺留下來的熱輻射稱為宇宙微波背景輻射。其頻率屬於微波範圍，相當微

弱，大約只有絕對溫標 2.7K 所含有的能量。

3. **都卜勒效應：**波源與觀察者之間有相對速度時所造成的頻率變化。例如遠方急駛過來的火車鳴笛聲變得尖細（即頻率變高，波長變短），而離我們而去的火車鳴笛聲變得低沉（即頻率變低，波長變長），就是都卜勒效應現象。恆星的波長偏移，可利用這種效應測量恆星相對速度。光波頻率的變化使人感覺到是顏色的變化。如果恆星遠離我們而去，則光的譜線會朝紅光方向移動，稱為「紅移」；如果恆星朝向我們運動，光的譜線會朝藍紫光方向移動，稱為「藍移」。

延伸思考

1. 宇宙持續膨脹，因此所有星系間的距離會愈來愈遠，你是否曾留意過離我們最近的星體？試著找出離太陽系最近的恆星，以及離銀河系最近的星系。

2. 自從「平行宇宙」的假說提出以來，許多科幻或動畫電影都對這個概念有不同的詮釋，上網查詢看看，哪些電影曾經提及平行宇宙相關名詞？在詮釋上又有什麼差異？

3. 文章中提及宇宙最終的三種可能命運：「膨脹到一個程度後，重力取得優勢而逐漸開始收縮」、「持續膨脹，星系愈來愈遠」、「加速膨脹，一切事物都被扯裂」，這些說法尚待證實，在此之前，你自己的想法是什麼？覺得哪一種狀況最有可能發生？為什麼？

讓聲波現形

聲音是如何產生的？
為什麼不同的動物、器具，
發出的聲音也不一樣呢？
除了用耳朵聽，
是否也能用眼睛「看見」聲音？

撰文、攝影／何莉芳

身處在一個充滿聲音的世界裡，你知道聲音從何而來嗎？不管是蟲鳴鳥叫或是樂音人聲，都源自空氣的振動，人耳裡的耳膜接收空氣振動，進而在腦中解讀成悅耳（或吵雜）的聲音。既然聲音的傳播是利用空氣的振動，我們一般並無法用眼睛看到，但有沒有辦法讓聲音現形呢？

敲擊音叉後，把正在振動發聲的音叉迅速接觸水盆，會在水面產生波擾，並濺起許多水花。音叉的振動愈強烈，水花也就愈大。不過，如果聲源沒有直接接觸物體，隔著空氣也能觀察到聲波嗎？

讓我們親手製作一個多多罐吸管笛，透過這個簡單的笛子了解發聲、傳聲的原理。多多笛能產生多變的聲音，我們還可以透過簡單的實驗「看到」聲波在跳舞！

可愛又好玩的多多笛

這個實驗分成兩個部分，第一部分利用喝完的多多罐、氣球和吸管，製作一個可愛的多多笛，第二部分則是利用鹽粒和多多笛，讓肉眼看不見的聲波，現形在我們眼前！

實驗材料
多多罐、氣球、粗吸管、尖口剪刀、橡皮筋、鹽、塑膠碗。

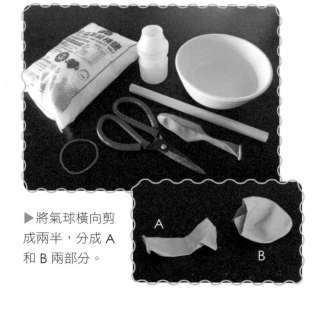

▶ 將氣球橫向剪成兩半，分成 A 和 B 兩部分。

吹笛子囉！

1 利用尖口剪刀，小心的在多多罐底部中心鑽一個和粗吸管同寬的口，罐身下半部的側面鑽一個較小的孔，大約如一般細吸管的寬度。

2 將粗吸管塞入多多罐底部的洞中，吸管必須卡緊在洞口上，若有空隙可用膠布封住。

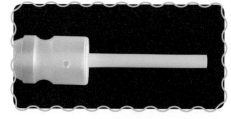

3 在多多罐口套上氣球膜 A，剪掉多餘的部分，並用橡皮筋固定。使吸管抵住氣球膜，嘴巴對著多多罐側面的小孔用力吹氣，聽聽看能否發出聲音。調整吸管與氣球膜接觸的部位，直到可發出聲音。

4 用力吹與輕輕吹，聲音的大小有什麼不同？
用手指抵住氣球膜時有什麼感覺？放開時聲音有沒有變化？
如果把粗吸管另一端的開口按住，聲音又會如何？
調整氣球膜緊繃的程度與吸管抵住的深淺，再吹吹看，聲音有什麼不同？

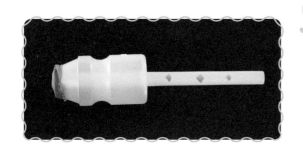

舞動的鹽粒

5 用剪刀將吸管逐漸剪短，比較吸管長短不同時對音調的影響。更換一支新的吸管，在上面剪幾個小孔，用手指按住小孔再吹氣。小孔全按住與全放開時，聲音的高低有什麼不一樣？像吹笛子一樣按住不同小孔，試著讓它發出多變的聲音。

6 取一個碗，將氣球膜B整個套住碗口，套深一點，使氣球膜如同鼓皮般緊繃。找個乾淨的桌面或在碗下方墊上一張紙，把細鹽均勻的灑在氣球膜上。

7 用多多笛對著氣球膜上的鹽粒吹出聲音。鹽粒會有什麼變化？輕輕吹和用力吹時，鹽粒跳動的情形有什麼不同？（想一想，為什麼不用粗吸管那端對著鹽粒？試著操作看看。）

8 調整多多笛的距離與聲音大小，持續而穩定的吹出聲音，直到氣球膜上的鹽粒出現圖形。試著吹出不同音調的聲音，看圖形是否會隨著變化。

9 改用不同的薄膜、容器與發聲工具，再進行以上實驗，結果又會如何呢？

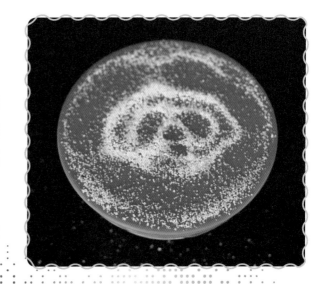

圖片來源：Shutterstock∴繪圖∴曾建華

多多笛為什麼唱歌？

對著多多笛吹氣時，若以手輕觸氣球膜，會感受到膜在輕輕振動，但如果手勁太大，會使得振動停止。若將粗吸管的開口按住，則無法產生聲音。

粗吸管的長短會影響音調的高低，吸管愈長，發出的聲音音調愈低。在粗吸管上剪小孔，當小孔全開時，發出的聲音音調會較全部按住時來得高。改變小孔出氣位置或小孔被手指遮住的面積大小，能讓多多笛發出更多不同的聲音。

大部分的樂器由振動體和共鳴器組成，振動體用於發出聲音，而共鳴器可使管內空氣柱發生共振，使聲音放大。

當我們吹奏多多笛時，吹出的氣流會使氣球膜發生振動，並透過粗吸管內空氣的共鳴（共振）而放大聲音。管柱愈長，聲波的波長愈長，發出的音調愈低。反之，則發出的

音調愈高。

此外，氣球膜的鬆緊程度與吸管抵住膜的深淺也會影響音調，氣球膜繃得愈緊，發出的音調愈高。

鹽粒為什麼跳舞？

聲音是由物體的振動所產生，帶動傳遞的媒介空氣跟著振動，進而影響其他振動體。吹奏多多笛時，套在碗上的氣球膜會隨著聲波振動，發出的聲音愈大，細鹽跳起的程度愈激烈。

持續而穩定的發出聲音，細鹽會在薄膜上起舞，薄膜的每個地方振動幅度不同，細鹽會聚集在振動小的地方，進而形成特殊紋路，隨著聲音變化呈現出不同的圖案，稱為「克拉尼圖形」。

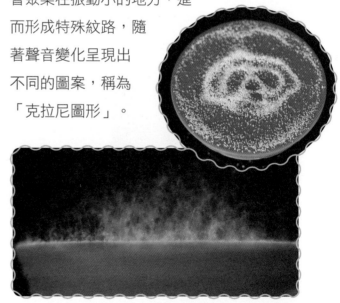

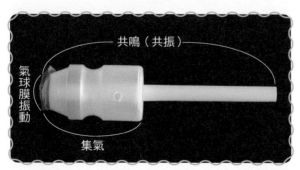

▲單靠振動體的振動無法發出夠大的聲音。構造簡單的多多笛，利用管柱內空氣的共鳴（共振）來放大聲音。

▲發出聲音時，氣球膜跟著振動，鹽粒發生跳動（下圖），並自然形成「克拉尼圖形」（上圖）。

番外篇 管柱內的美麗波漣

聲音的傳遞是一種波動現象，空氣中的聲波是縱波，透過空氣分子的推擠產生疏密變化而將能量傳出去。若是聲波在管子中來回振動，入射波與反射波就會發生波的疊加現象，有些地方振動得更激烈，有些地方的振動則抵消。

我們是否能夠看見管柱內聲音的波動呢？透過一種裝有小顆粒保麗龍球的透明塑膠管——稱為「肯特管」，可觀察管柱內聲波的共振現象。將透明塑膠管一端封住，裝入細小的保麗龍球，另一端套上衛生紙或口罩的不織布層。雙手握住綁衛生紙的一端，嘴巴對著管上的紙用力發出聲音，可明顯看到保麗龍球有趣的變化，會形成一片一片波浪狀的整齊排列！

管中聲波共振造成氣流壓力改變，有些位置壓力時大時小，是振動較劇烈的波腹，有些則壓力變化不大，是幾乎無振動的波節。保麗龍球隨著聲波而前後移動，形成一堆堆

以波節為中心的聚集。此外，又因為管中產生微小的氣旋變化，能將質輕的小保麗龍球托起，使聲波在管柱內形成神奇又獨特的波漣。瞧，這樣規則層次的紋路，像不像沙漠中沙丘受風吹拂而起的美麗波紋？ 科

◀發聲前（左圖），肯特管內均勻平鋪著保麗龍球。發聲後（下圖），小保麗龍球形成層次分明的整齊排列，隨著聲波共振站立，就好像看見聲波在塑膠管內傳遞。透過肯特管可清楚看見保麗龍球的疏密排列。

作者簡介

何莉芳 臺中市福科國中老師，喜歡從生活中找尋實驗題材，讓學生有玩不完的 DIY 實驗，並且將實驗的精采過程記錄在「zfang 的科學小玩意」部落格。

圖片來源：Shutterstock　繪圖：曾建華

讓聲波現形

國中理化教師　李冠潔

主題導覽

　　生活周遭的聲音都是由於物體的振動而產生，當耳膜接收到空氣振動，進而透過神經將訊息傳遞到大腦，由大腦解讀成不同的聲音。在 17 世紀有一位科學家名叫波以耳，他曾把鐘放進玻璃罩內，並逐漸把玻璃罩內的空氣抽掉，同時感覺到鐘聲愈來愈小，漸漸消失；當他再把空氣灌回玻璃罩後，聲音逐漸恢復，這個實驗證明聲音的傳遞需要媒介物質（介質）。既然聲音會讓物體振動，那麼在物體上擺放砂糖或保麗龍等質輕的物體，就可以利用高低音或大小聲等不同的振動方式，來「看出」不同的聲音喔！

　　閱讀完〈讓聲波現形〉文章後，你可以利用「挑戰閱讀王」了解自己對文章的理解程度，「延伸知識」補充聲音的資料，最後是「延伸思考」，透過找資料讓你更了解聲音的特性。

關鍵字短文

　　〈讓聲波現形〉文章中提到許多重要的字詞，試著列出幾個你認為最重要的關鍵字，並以一小段文字，將這些關鍵字全部串連起來。例如：

關鍵字：1. 空氣振動　2. 音調　3. 共鳴　4. 能量　5. 縱波

短文：聲音是一種縱波，具有能量，能夠讓空氣分子來回振動，傳入我們耳裡的聲音，就是由於周圍空氣振動並撞擊耳膜所產生的。生活周遭豐富的聲音，是因為有不同的高低音調和大小不同的聲音。由於不同物體振動的頻率不同，便能產生不同高低音。例如吉他利用粗細不同的弦，來製造不同的音調，吉他的共鳴箱則能夠增加空氣振動，達到提高音量的效果。

關鍵字：1.＿＿＿＿＿　2.＿＿＿＿＿　3.＿＿＿＿＿　4.＿＿＿＿＿　5.＿＿＿＿＿

短文：＿＿＿＿＿＿＿＿＿＿＿＿＿＿＿＿＿＿＿＿＿＿＿＿＿＿＿＿＿＿＿＿＿＿

＿＿＿＿＿＿＿＿＿＿＿＿＿＿＿＿＿＿＿＿＿＿＿＿＿＿＿＿＿＿＿＿＿＿＿

挑戰閱讀王

閱讀完〈讓聲波現形〉後，請你一起來挑戰以下題組。

答對就能得到👍，奪得 10 個以上，閱讀王就是你！加油！

☆〈讓聲波現形〉中利用氣球薄膜、多多笛和細鹽讓聲音製造出特殊波紋，根據文
　章回答下列問題：

（　　）1.多多笛前端的氣球膜，為什麼能夠讓碗上的細鹽跟著跳動？（答對可得到
　　　　　1 個👍哦！）
　　　　　①發音時空氣振動氣球膜，食鹽隨著振動出現圖案
　　　　　②細鹽對聲音有排斥反應
　　　　　③細鹽和氣球薄膜有磁性作用
　　　　　④細鹽本來就會形成圖案

（　　）2.若希望讓食鹽在薄膜上形成不同圖案，下列哪個方法可能失敗？（答對可
　　　　　得到 1 個👍哦！）
　　　　　①把薄膜拉緊一點　②吹出不同的高低音
　　　　　③吹得用力一點　④將多多笛反過來用粗吸管一端對著食鹽吹

（　　）3.多多笛的原理，跟我們平常吹的直笛具有類似的原理，下列敘述何者正確
　　　　　呢？（答對可得到 1 個👍哦！）
　　　　　①用力吹氣聲音會比較高　②若按住全部孔洞聲音會變低沉
　　　　　③將多多笛的吸管剪短聲音會變低沉　④吸管洞是否按住不影響聲音高低

☆聲音是一種波，需要物體振動才能產生，但並非所有振動中的物體都能發出我們
　聽得到的聲音。這是因為人耳的限制，只有當物體達到每秒振動 20 次以上時，
　我們才聽得見，例如蝴蝶振動翅膀的速度不如蒼蠅快，所以我們聽不到蝴蝶飛行
　的聲音。聲音振動的單位是赫茲（Hz），代表每秒振動的次數。而當振動次數太
　快時，人耳也會無法聽見，20 ～ 20000 赫茲這個範圍內的振動頻率，是人耳可
　以聽到的範圍，試根據敘述回答下列問題：

（　　）4.物體快速振動時人耳才聽得到聲音，那麼我們敲桌子一下，為何也能聽到

桌子發出的聲音呢？（答對可得到 2 個👍哦！）

①因為手敲下去的速度非常快　②因為桌子只振動一下也能被人聽見聲音

③因為桌子振動的頻率超過 20Hz　④因為手其實敲了 20 下以上

（　）5.下列何者可能產生聲音？（答對可得到 1 個👍哦！）

①快速揮動手臂　②拿筆在空中寫字　③每秒拍一次手　④蝴蝶振翅飛舞

（　）6.關於聲音的推論何者不合理？（答對可得到 1 個👍哦！）

①振動一定能讓物體產生波　②波一定能被聽見

③聲波需要物質幫忙傳遞　④人耳可聞的頻率有一定範圍限制

☆不同的振動頻率會產生不同的高低音，那麼聲音的大小聲是如何產生的？大聲喊
叫時，需要比較用力，因為音量愈大需要的能量也愈大。音量單位是分貝（dB），
每增加 10 分貝需要增強 10 倍的能量，0 分貝是人耳能聽見的最小聲音，70 分
貝以上會讓人感到焦慮不安。我們透過文章中的肯特管可以看出音量的大小：音
量愈大，裡頭的保麗龍球跳得愈高，說明聲音愈大，波的振動幅度也愈大，試著
根據文章及本文回答下列有關聲音的問題：

（　）7.輕輕敲擊桌面和重重敲擊桌面，哪個能發出較大的聲響？為什麼？（答對
可得到 1 個👍哦！）

①輕敲的聲音較大，因為聲音比較高昂

②輕敲聲音比較大，因為聲音能量比較集中

③重敲聲音比較大，因為桌面振動得比較快

④重敲聲音比較大，因為手給桌面的能量比較多

（　）8.關於聲音的推論何者不合理？（答對可得到 1 個👍哦！）

①聲音愈大聲能量愈強　②0 分貝還是能聽到聲音

③20 分貝是 0 分貝能量的 100 倍　④聲音大小不會對人體產生任何影響

☆聲波具有特定的頻率與波長，而且波能夠互相疊加在一起形成不同效果，例如笛
子和吉他都能發出 Do 的音（頻率約 262 赫茲），雖然高低相同，但人耳卻能
分辨出笛子和吉他聲音的不同，這是因為在標準的音頻上（稱為基音），樂器還

會產生不同的、較小聲的其他音頻（稱為泛音），不同頻率的波互相影響的結果會產生不同的波形，因此泛音的多寡與形態會決定波的特色，也稱為音品或音色。不同音色造就了豐富多彩的聲音世界。

音叉

笛子

人聲

吉他

（　　）9. 我們生活周遭能聽到許多豐富多彩的聲音，這些與下列何者無關？（答對可得到 1 個👍哦！）

①用力敲擊鋼琴琴鍵表現慷慨激昂

②撥動不同的吉他弦可發出不同的高低音

③偶像在臺上激動的跳舞　④歌手在臺上飆高音

（　　）10. 不同聲音能在灑了細沙的鐵板上留下不同的圖案，下列哪個是可能的原因？（答對可得到 2 個👍哦！）

①因為聲音高低不同，使鐵板振動快慢不同

②因為聲音大小聲不同，使鐵板振動幅度不同

③因為聲音波形不同，使鐵板振動的方式不同

④以上皆能造成不同波形，使細沙呈現不同圖案

延伸知識

克拉尼圖形：由 18 世紀德國科學家克拉尼（Ernst Chladni）所發現，他在金屬板上鋪滿薄薄的細沙，然後拿小提琴的弓摩擦金屬板，觀察到細沙會跳動並產生對稱的幾何圖形（上圖）。此圖形的形成與駐波有關。駐波是彈性體兩端固定時所產生的波，波腹處跳動特別厲害，而節點處（波節）則幾乎不跳動（下圖）。當弓摩擦金屬板時，細沙會從波腹處漸漸移動累積在節點處，最後形成獨特的圖形。只要金屬板具有對稱的形狀，通常就能形成對

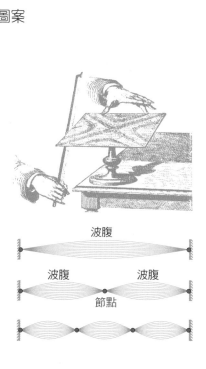

波腹

波腹　　　波腹

節點

稱的幾何圖形，且聲音的頻率愈高，波長愈短，節點也愈靠近，因此能形成較複雜的圖案。大家不妨利用木板或塑膠板，甚至是金屬鍋底，撒上食鹽或胡椒粉，試著找出生活中美麗的聲音！

延伸思考

1. 科學家波以耳發明抽真空機後，在實驗過程中偶然發現聲音的傳遞跟介質有關，科學上還有哪些發現與抽真空機的發明有關？如果有一台抽真空機，你想要做什麼實驗呢？

2. 提琴或吉他等樂器的共鳴箱形狀不同，開口位置也不同，想想看或查詢看看，不同樂器的共鳴箱設計，有沒有什麼特別的原因呢？

3. 喝水時試試看對著水面吹氣，水面是否也會出現圖案？生活中還有哪些自然形成的圖形呢？查查看，「利希騰貝格圖形」是什麼？

無線充電
跟電線說再見

誰說充電一定要接電線？
只要讓手機和充電器「心電感應」一下，就可以達成了！
一起來認識「無線充電」的原理吧！

撰文／趙士瑋

每次要幫手機、電腦或其他各種電器充電時，總是要接一條充電線，而充電線一多，常常接錯，或是糾結在一起，實在非常麻煩。幸好，現在有愈來愈多的電子產品，開始使用「無線充電」的技術了！只要優雅的將手機放在一個小小的、像杯墊一樣的東西上面，不必接線就能輕鬆充電，這麼厲害的科技背後有什麼原理呢？讓我們一起來探究其中奧妙。

一般見到的無線充電，運用的是「電流磁效應」和「電磁感應」的原理。1820 年，丹麥科學家厄斯特（Hans Ørsted）觀察到一段導線上如果通有電流，四周將會產生磁場，可以讓磁針偏轉。後人則進一步發現，將導線圍成環狀，甚至繞成線圈，產生的磁場會更強、更集中。這種電生磁的現象稱為「電流磁效應」。

至於電磁感應，則是在 1831 年由法拉第（Michael Faraday）發現。讓一塊磁鐵或其他磁場來源靠近一段沒有電流的線圈，線圈上就會產生「感應電流」，稱為「電磁感應」。值得注意的是，電磁感應的成立要件是磁場要有「變化」，例如磁鐵愈來愈靠近或愈來愈遠離。外加磁場若是一直保持不變，並不會出現感應電流。

總而言之，電流磁效應是電流的流動可使四周產生磁場，電磁感應則是不斷變化的外加磁場可使線圈產生感應電流。

圖片來源：達志影像；繪圖：黃榆儒

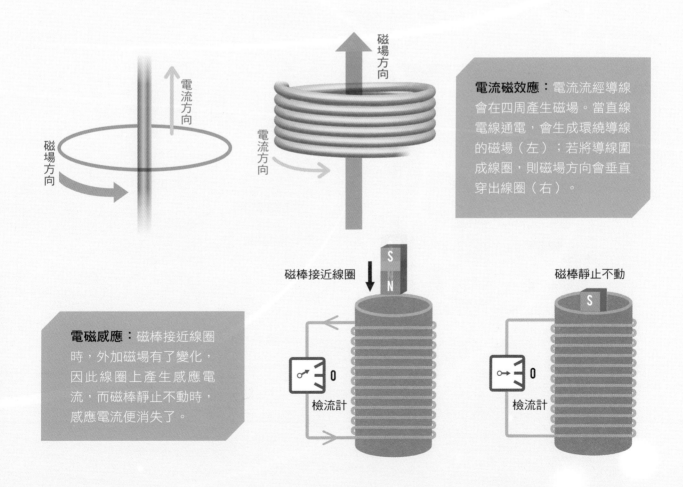

電流磁效應：電流流經導線會在四周產生磁場。當直線電線通電，會生成環繞導線的磁場（左）；若將導線圍成線圈，則磁場方向會垂直穿出線圈（右）。

電磁感應：磁棒接近線圈時，外加磁場有了變化，因此線圈上產生感應電流，而磁棒靜止不動時，感應電流便消失了。

利用電磁感應充電

這兩種物理現象同時運用，就可以進行無線充電。目前的無線充電設備，都包含一個「充電座」，裡面其實正是線圈。將充電座接到家用插頭後，線圈周圍會因為電流磁效應而產生磁場。要充電的電子產品裡面也有一個線圈，當它靠近充電座時，充電座的磁場會透過電磁感應，讓電子產品的線圈上產生感應電流。感應電流導引到電池，就完成了充電座和電子產品間的無線充電。

不過，磁場不是要改變才能發生電磁感應嗎？但充電座與充電對象的距離卻始終保持不變，這樣為何仍會出現電磁感應呢？原來，家用插座中流出的電是「交流電」，也就是說電流方向會不斷交替變化，一會兒順著流，一會兒反著流。正因為如此，充電座線圈產生的磁場並非保持不變，而是不斷變換方向，符合電磁感應的要件。

近來愈來愈多智慧型手機、平板電腦開始提供無線充電的功能，只可惜它們充電時，離充電座的距離稍遠一些，充電效率就會明顯下降。即便是最新的技術，充電距離也不能超過 5 公分。事實上，目前絕大多數可無線充電的行動裝置，都是要完全平放在充電座上才能進行，和想像中隨走隨充的無線充電仍有點差別。

日常生活中的電磁感應

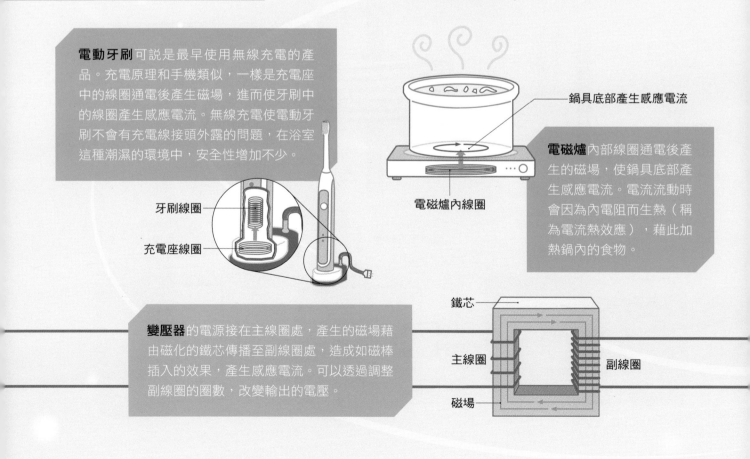

電動牙刷可說是最早使用無線充電的產品。充電原理和手機類似，一樣是充電座中的線圈通電後產生磁場，進而使牙刷中的線圈產生感應電流。無線充電使電動牙刷不會有充電線接頭外露的問題，在浴室這種潮濕的環境中，安全性增加不少。

牙刷線圈
充電座線圈

鍋具底部產生感應電流

電磁爐內部線圈通電後產生的磁場，使鍋具底部產生感應電流。電流流動時會因為內電阻而生熱（稱為電流熱效應），藉此加熱鍋內的食物。

電磁爐內線圈

變壓器的電源接在主線圈處，產生的磁場藉由磁化的鐵芯傳播至副線圈處，造成如磁棒插入的效果，產生感應電流。可以透過調整副線圈的圈數，改變輸出的電壓。

鐵芯
主線圈
副線圈
磁場

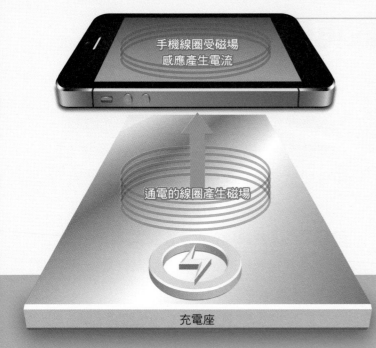

手機線圈受磁場感應產生電流

通電的線圈產生磁場

充電座

無線充電技術比一比

無線充電技術	優點	缺點
電磁感應	原理簡單製作容易	傳輸距離嚴重受限
磁共振	傳輸距離長效率高	電路調頻不易
雷射光	傳輸距離長	光線容易被遮擋，有角度限制
Wifi 波段傳輸	隨走隨充符合無線充電的理念	充電對象定位不易，浪費電能

手機無線充電：對充電座線圈通電，線圈中會產生磁場，接著在手機線圈中形成感應電流，達成無線電能傳輸。

利用共振拉長充電距離

　　為了增加無線充電的距離與充電效率，科學家正在設法利用「磁共振」的原理進行無線充電。在電路中加入一些特殊的元件，適當連接後，會形成「諧振電路」，這就好像樂器行一定會有的調音工具──音叉一樣。輕敲音叉一次，它可以持續振動一段時間，同樣的，對諧振電路短暫通電，電路中也會產生維持一段時間的訊號。

　　音叉具有「共振」這種有趣的物理性質。每支音叉都有自己的發聲頻率，當一支音叉振動發聲時，如果附近有另一支發聲頻率相同的音叉，即使它沒有直接受到敲擊，也會跟著振動，音叉的共振等於達成了能量的傳遞。諧振電路也可以共振，兩個振動頻率相同的諧振電路放在一起，其中一個開始因為通電而振盪時，另一個電路也會跟著振盪起來，「自動」產生電流，電能就這樣被隔空傳送了。這樣的現象稱為「磁共振」，用來進行無線充電，可讓充電距離達到數公尺，效率也有所提升。唯一的困難是，要將兩個電路調整到一模一樣的頻率，並且維持一段時間，並不是容易的事。

　　除了磁共振，也有科學家嘗試藉由雷射光的光能來充電，甚至透過和家用 Wifi 網路相近的電波頻段來傳送電能。希望這些技術的突破，能讓未來的充電更加方便！

作者簡介

趙士瑋　目前任職專刊律師事務所，與科技相關的法律問題作伴。喜歡和身邊的人一起體驗科學與美食的驚奇，站上體重計時總覺得美食部分需要克制一下。

繪圖：黃榆儒

無線充電——跟電線說再見

國中理化教師　黃冠英

主題導覽

科學家厄斯特觀察到通有電流的導線周圍可以產生磁場，稱為「電流的磁效應」；而法拉第發現磁鐵靠近線圈會產生感應電流，稱為「電磁感應」。日常生活中許多電器用品都是應用電與磁的交互作用。隨著科技發展，無線充電技術也逐漸應用在電子產品中，或許你已經在使用了！

〈無線充電——跟電線說再見〉說明利用電磁感應、磁共振進行無線充電的原理，讓你認識兩種無線充電的優缺點。文章內也介紹多種日常電器用品如何利用電與磁的交互作用來運作，「延伸知識」中補充了悠遊卡的無線射頻辨識，可幫助你更加認識電流磁效應及電磁感應。

關鍵字短文

〈無線充電——跟電線說再見〉文章中提到許多重要的字詞，試著列出幾個你認為最重要的關鍵字，並以一小段文字，將這些關鍵字全部串連起來。例如：

關鍵字：1. 電流磁效應　2. 電磁感應　3. 磁場　4. 電流　5. 交流電

短文：科學家發現有電流的導線周圍會產生磁場，開啟了電流與磁場間交互作用的研究，許多電子或電器用品都利用家用插座來形成電流磁效應，因交流電的電流方向會不斷交替變化，讓產生的磁場也不斷變換方向，這樣就會發生電磁感應，產生感應電流，讓相關用品可以運作。

關鍵字：1.＿＿＿＿＿　2.＿＿＿＿＿　3.＿＿＿＿＿　4.＿＿＿＿＿　5.＿＿＿＿＿

短文：＿＿＿＿＿＿＿＿＿＿＿＿＿＿＿＿＿＿＿＿＿＿＿＿＿＿＿＿＿＿＿＿＿＿＿

＿＿＿＿＿＿＿＿＿＿＿＿＿＿＿＿＿＿＿＿＿＿＿＿＿＿＿＿＿＿＿＿＿＿＿＿＿＿＿

＿＿＿＿＿＿＿＿＿＿＿＿＿＿＿＿＿＿＿＿＿＿＿＿＿＿＿＿＿＿＿＿＿＿＿＿＿＿＿

＿＿＿＿＿＿＿＿＿＿＿＿＿＿＿＿＿＿＿＿＿＿＿＿＿＿＿＿＿＿＿＿＿＿＿＿＿＿＿

挑戰閱讀王

閱讀完〈無線充電──跟電線說再見〉後，請你一起來挑戰以下題組。

答對就能得到👍，奪得 10 個以上，閱讀王就是你！加油！

☆生活中有許多電子產品的設計原理，都是利用電與磁的交互作用，請判斷下列問題的答案：

（　）1.放置一個磁針在充電線旁，當手機開始充電時，發現指北針會產生偏轉，請問是屬於什麼原理？（答對可得到 1 個👍哦！）

①電流的磁效應　②電磁感應

（　）2.手搖式手電筒是藉由搖晃讓內部磁鐵快速移動，並產生電讓燈泡發亮，請問這利用了什麼原理？（答對可得到 1 個👍哦！）

①電流的磁效應　②電磁感應

（　）3.下列電子產品的使用原理，何者沒有利用電與磁的交互作用？（答對可得到 1 個👍哦！）

①電磁爐加熱食物　②變壓器降壓

③家裡的電燈發亮　④電動牙刷充電。

☆西元 1820 年，丹麥科學家厄斯特意外發現，通有電流的導線周圍會產生磁場讓指北針發生偏轉，從此科學家開始研究電與磁的現象。有關電流與磁場方向，可使用「安培右手定則」來判定，比出一個「讚」的手勢，右手大拇指為電流方向，其他四指為磁場方向。若電流向下（手勢為向下的讚），磁場為順時針方向。請試著回答下列相關研究：

（　）4.在一條通有電流的導線周圍放置指北針，可利用以下哪個理論來判斷偏轉的方向？（答對可得到 1 個👍哦！）

①安培定律　②安培右手定則　③右手開掌定則　④冷次定律

（　）5.將一條導線穿過紙板，紙板上均勻灑上鐵粉，當導線內有電流流通時，可發現鐵粉的分布形狀為？（答對可得到 1 個👍哦！）

①維持原狀　②不規則分布　③同心圓分布

（　）6.以下哪些方式，可以讓指北針偏轉的角度變大？（多選題，答對可得到 2 個👍哦！）

①加大電流　②改變電流方向　③增加導線線圈數

☆運用電流磁效應及電磁感應兩種物理現象，只需要一個充電座就可以進行無線充電，請試著回答下列問題：

（　）7.充電座與要充電的電子產品，最主要都含有下列哪一個物件？（答對可得到 1 個👍哦！）

①磁鐵　②線圈　③電池

（　）8.使用充電座進行無線充電時，內部電與磁的交互作用順序為何？（甲）產生感應電流、（乙）電流產生磁場、（丙）磁場的改變，請依序排列。（答對可得到 2 個👍哦！）

①甲乙丙　②甲丙乙　③乙丙甲　④丙乙甲

（　）9.充電座進行無線充電時，需要使用的電流應該為哪一種？（答對可得到 1 個👍哦！）

①交流電　②直流電

（　）10.手機進行無線充電時，以下哪一種狀況能得到最好的效率？（答對可得到 1 個👍哦！）

①手機與充電座距離 10 公分

②手機直立放置在充電座上

③手機完全平放在充電座上

延伸知識

1.**諧振電路**：LC 電路，包含一個電感（L）與一個電容（C）連接在一起的電路，電感與電容之間可互相吸收與釋放能量，在忽略線損情況之下，當有交流電通過時，能量會在電感與電容之間不斷交換，使電路產生自然頻率的振動，這個現象稱為「諧振」，而此時的頻率稱為「諧振頻率」。

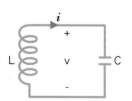

當電路的電阻增加時，振動的衰變速度增加，能量會以熱量形式釋放。可應用於產生特定頻率的信號，或從複雜的信號中分離出特定頻率的信號，是許多無線電設備中的關鍵部件。

2. **電磁感應的應用——悠遊卡：**悠遊卡利用的是無線射頻辨識系統 RFID（Radio Frequency Identification）。這是一種無線通訊技術，利用無線電訊號進行識別和讀寫。悠遊卡中有一張 IC 微晶片和線圈，當它靠近讀卡機的磁場周圍時，會因為電磁感應讓卡片內的線圈產生電流，提供 IC 微晶片能量，即可將卡片內部資料傳到讀卡機。其他像感應式的信用卡、高速公路電子收費的 eTag 等，也都是利用 RFID。

延伸思考

1. 文章中提到了電磁爐、電動牙刷、變壓器，都是藉由通電產生磁場後，再形成感應電流來產生熱、充電或改變電壓等作用。想想看，日常生活中還有哪些電器用品也是利用電磁感應的原理？請試著解釋其現象。

2. 你是否使用過無線充電？雖然不必隨身攜帶充電線，但你遇過什麼不便之處嗎？文章中提到充電距離不能超過 5 公分，請你嘗試利用自己的手機尋找可進行無線充電的最遠距離。

3. 除了藉由電磁感應進行無線充電外，文章中還提到磁共振的無線充電技術，這種充電方式的傳輸距離長、效率高，請你利用網路資源查詢，現在有哪些電子產品是利用磁共振來進行無線充電？

隔空點火

過生日了，幾歲就點幾根蠟燭吧！
但火柴不必接觸到燭芯，就可以點燃蠟燭，你相信嗎？

撰文、攝影／何莉芳

搖曳的燭光、跳動的火焰，你喜歡蠟燭溫暖明亮的火光嗎？在早期沒有電燈的年代，蠟燭曾是重要的照明工具，現在則多用來裝飾生活，增添浪漫，有些香氛蠟燭還會加入香料，隨著熱力釋放香氣。

蠟燭還是生日蛋糕上的重要角色，有時蛋糕上的蠟燭不只一根，為了把蠟燭點燃，我們常先點燃一根蠟燭，再用它的火苗去碰觸另一根蠟燭的燭芯，點燃了火焰也傳遞了光與溫暖。

不過，點火一定要碰觸到燭芯嗎？ 哪些因素會影響蠟燭的燃燒？透過動手做實驗來觀察發現，蠟燭不只是浪漫，也能很科學！

圖片來源：Shutterstock　繪圖：曾建華

我是蠟燭
不是鞭炮……

快點啦，我要去
吃蛋糕了啦！

蠟燭也能很好玩！

仔細觀察蠟燭如何燃燒，思考燭火為什麼會熄滅，再試試神奇的魔法，隔空把蠟燭點燃！實驗會使用火源，一定要有家長或大人在場協助並注意安全。記得準備一條濕抹布，萬一燭火傾倒，可以立即覆蓋濕抹布滅火。請在瓦楞紙板或鋁箔紙上操作，避免蠟油滴得滿桌都是。

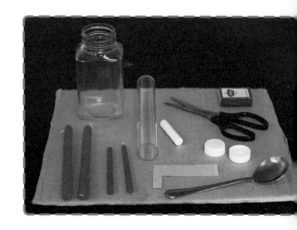

實驗材料
蠟燭數根、寶特瓶瓶蓋、火柴（或打火機）、剪刀、玻璃罐、湯匙、粉筆、玻璃或透明塑膠管、紙片、瓦楞紙板（或鋁箔紙）。

點燃蠟燭

1 製作一個燭臺。用剪刀將蠟燭剪至適當長度，約 5～7 公分，點燃後滴蠟油在寶特瓶蓋上，再將蠟燭固定在上面。

2 觀察蠟燭燃燒的情形。燃燒約一分鐘後吹熄，觀察熄滅時產生的煙霧顏色。

3 從蠟燭剪下一小塊，把點燃的火柴分別靠近蠟塊與熔化後的蠟油，是否能夠點燃蠟塊或蠟油呢？點燃一根蠟燭，將它慢慢傾斜觀察火焰的形狀變化。猜一猜：如果倒轉蠟燭使蠟油流到燭芯，火焰會發生什麼事？請操作看看。

4 用剪刀修整蠟燭，改變燭芯長短，觀察燭芯長短對火焰大小有什麼影響？

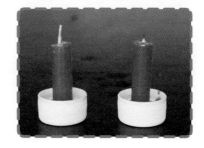

5 切少許蠟塊放在金屬湯匙上加熱，觀察蠟塊的變化。讓湯匙向下靠近火焰，是否產生煙？煙是什麼顏色？湯匙底端若碰觸到燭芯，火焰又有什麼變化？

6 當蠟塊完全熔化成蠟油，將一小段粉筆放在蠟油中，粉筆是否會吸附蠟油？這時用另一根點燃蠟燭的火焰靠近粉筆，試試看能不能把它點燃。

蠟燭熄滅了

7 將玻璃罐蓋住燃燒的蠟燭，觀察罐身與罐內燭火的變化。若燭火熄滅，再點燃蠟燭多試幾次，觀察燭火熄滅所需的時間和變化與一開始是否相同？

8 點燃兩根長短不一樣的蠟燭，再用玻璃罐同時蓋住。觀察看看，長蠟燭和短蠟燭哪一根會先熄滅？

隔空點火！

9 點燃蠟燭，讓它穩定燃燒一分鐘以上，然後吹熄使燭芯冒出白煙。這時將另一根點燃的蠟燭（或火柴）迅速靠近白煙，會發生什麼事？多試幾次，挑戰看看能否不碰觸燭芯，就隔空把蠟燭點燃？隔空點火的距離能有多遠？

小祕訣：蠟燭不要一點燃就立刻吹熄，讓燭火燃燒一陣子，產生足夠的白煙再試。

10 改用燭芯較粗的白蠟燭，或用粉筆燭芯的蠟燭來試隔空點火，效果會如何？

蠟燭的燃燒有什麼祕密？

　　蠟燭由燭芯（棉線）和蠟所組成。蠟燭燃燒時，燭芯四周的固體蠟會受熱熔化成液體蠟油，並藉由「毛細作用」沿著燭芯上升氣化，再與上方氧氣混合，燃燒產生火焰。燭芯長短會影響火焰大小，燭芯愈短，火焰愈小。除了棉線之外，粉筆顆粒間具有孔隙能吸附蠟油幫助氣化，因此也能做為燭芯。

　　蠟塊、蠟油無法直接燃燒，只有在形成蠟蒸氣時才會燃燒。燃燒需要可燃物、助燃物與足夠的溫度（高於燃點）。當對蠟燭大力吹氣時，降低了溫度也吹散可燃物（蠟蒸氣），火焰因而熄滅。用玻璃罐罩住點燃的蠟燭一段時間後，則因缺乏助燃物（氧氣）使燭光變得微弱而熄滅。用湯匙碰觸到燭芯，火也會熄滅，是因為湯匙吸走了一部分熱量，使燭芯的溫度降低。

外焰：由於空氣充足而完全燃燒，所以溫度最高。但肉眼看不到。

內焰：蠟氣體所含碳粒在此燃燒反射光線，是燭焰最亮的部分。

焰心：由未燃燒的蠟氣體組成，溫度低光度暗。

蠟油因毛細作用上升

液態的蠟

固態的蠟

為什麼可以隔空點火？

▶在白煙的另一端點燃蠟蒸氣後，火焰會順著白煙傳到焰心。雖說是隔空點火，其實是蠟蒸氣在幫忙！

　　蠟燭在燃燒過程中冒出的煙主要有兩種成分：燃燒時產生的黑煙是燃燒不完全的碳微粒，吹熄蠟燭時看到的白煙是蠟蒸氣。蠟蒸氣接觸到火源就可以燃燒，如果剛吹熄、趁蠟蒸氣還來不及散去時，就立刻點燃這些白煙，小火苗會在極短的時間內沿著蠟蒸氣被帶到燭芯，看起來就像是神奇的隔空點火。

　　燭芯較粗的白蠟燭或粉筆芯蠟燭，能吸附的蠟油較多，會產生比較多的蠟蒸氣，用來進行隔空點火的魔術，成功率更高！

隔空救火！

要維持蠟燭燃燒，不斷供應新鮮空氣很重要。在前面實驗中，我們用玻璃罐同時罩住長短蠟燭，觀察誰會先熄滅。你可能會猜測短蠟燭先熄滅，因為燃燒時產生的二氧化碳比較重而氧氣相對輕，但實驗結果卻是長蠟燭先熄滅。

這是因為受熱後的空氣（含較多的二氧化碳）體積膨脹、密度變小而上升，而密度較大的新鮮冷空氣留在下方，提供氧氣給短蠟燭。同樣的道理，在火場中要壓低身體，才能獲得較新鮮的空氣。

◀因為熱空氣上升，使罐中上方充滿燃燒後的氣體，所以長蠟燭會先熄滅。

但如果試著把開口的透明管子罩住蠟燭，燭火還是會熄滅，這是為什麼呢？因為燃燒產生的熱空氣快速上升，阻擋了新鮮冷空氣從上方進入，使得管內缺乏助燃物，燭火就熄滅了。

再試試看，把一張紙條插入透明管子中，將管子隔成兩半，再罩住蠟燭，燭火竟然不會熄滅。這是因為紙片使冷、熱空氣分流，熱空氣由其中一半向上升，而冷空氣由另一半引入管中，使燭火順利獲得新鮮空氣，就能持續燃燒了。

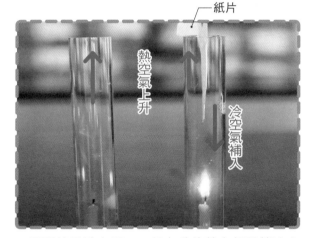

紙片
熱空氣上升
冷空氣補入

▲透明管子雖有開口，但上升的熱空氣阻擋冷空氣補入而使燭火熄滅（左）。插入紙片使冷、熱空氣分流，蠟燭獲得新鮮空氣，因而能夠持續燃燒（右）。

運用冷熱空氣對流的原理，可以來玩隔空救火。將紙條慢慢往上抽，燭焰會變小，快要熄滅時，再將紙條往內插入，火焰又會變大！想想看，如果不用紙片，還有什麼方法可以讓管內的蠟燭持續燃燒？ 科

作者簡介

何莉芳　臺中市福科國中老師，喜歡從生活中找尋實驗題材，讓學生有玩不完的 DIY 實驗，並且將實驗的精采過程記錄在「zfang の科學小玩意」部落格。

圖片來源：Shutterstock　繪圖：黃榆儒、曾建華

隔空點火

國中理化教師　李冠潔

主題導覽

　　蠟燭的雛型起源於古代原始人的火把，當時古人已經知道把油脂塗抹在木棍上燃燒，當做照明使用。蠟燭燃燒雖然是再簡單不過的現象，其中卻蘊含了很多知識。

　　首先，我們要知道物質燃燒的原理，燃燒是一種能發出光跟熱的氧化作用，需要可燃物與助燃物才能燃燒。但既然空氣中含有 20% 左右的氧氣，為什麼物體卻不會隨時燃燒？因為除了可燃物跟助燃物，還

需要達到燃點，物體才能持續穩定燃燒。可燃物、助燃物與達到燃點便是燃燒的三要素，缺乏其中任何一項，物體就會無法持續燃燒。

　　〈隔空點火〉說明了燃燒的原理和方式。閱讀完文章後，你可以利用「挑戰閱讀王」了解自己對文章的理解程度；「延伸知識」中補充了有關火場的簡單介紹，可以幫助你更深入的理解燃燒與滅火！

關鍵字短文

　　〈隔空點火〉文章中提到許多重要的字詞，試著列出幾個你認為最重要的關鍵字，並以一小段文字，將這些關鍵字全部串連起來。例如：

關鍵字：1. 毛細作用　2. 可燃物　3. 助燃物　4. 燃點　5. 熱對流

短文：所有物質的燃燒都必須符合燃燒三要素，也就是需要具備可燃物、助燃物，以及溫度達到燃點以上，物體才能燃燒。若少了其中一項就無法讓物體持續燃燒，例如將蠟燭蓋住，使熱對流無法順利進行、影響氧氣的流動，會使蠟燭熄滅。固態的蠟無法直接燃燒，需要加熱先變成液態蠟，液態蠟再藉由燭芯的毛細作用被吸到頂部變成氣態後才可燃，因此蠟燭燃燒是包含了物理變化和化學變化的一系列現象。

關鍵字：1.＿＿＿＿＿　2.＿＿＿＿＿　3.＿＿＿＿＿　4.＿＿＿＿＿　5.＿＿＿＿＿

短文：＿＿＿＿＿＿＿＿＿＿＿＿＿＿＿＿＿＿＿＿＿＿＿＿＿＿＿＿＿＿＿＿＿＿＿＿

＿＿＿＿＿＿＿＿＿＿＿＿＿＿＿＿＿＿＿＿＿＿＿＿＿＿＿＿＿＿＿＿＿＿＿＿＿＿＿

挑戰閱讀王

閱讀完〈隔空點火〉後，請你一起來挑戰以下題組。

答對就能得到👍，奪得 10 個以上，閱讀王就是你！加油！

☆蠟燭燃燒需要先經過物理變化中的三態變化，將固態蠟燭轉變為氣態之後才能燃燒，因為氣態蠟與空氣的接觸面積比較大，容易氧化。燃燒酒精燈中的酒精也是如此，需要先藉由燈芯將液態酒精吸到頂端，揮發成氣態後才能燃燒。此外，酒精燈中的酒精量不宜太多也不宜太少，太多容易溢出瓶外，太少則會讓瓶內充滿酒精蒸氣，容易使瓶子氣爆導致意外發生。

（　）1.蠟燭的燃燒包含了下列哪些現象？（多選題，答對可得到 2 個👍哦！）

①液態蠟氣化　②液態蠟燃燒　③氣態蠟凝結　④氣態蠟氧化

（　）2.生活中使用酒精消毒殺菌應特別小心，下列哪一種使用方式較安全？（答對可得到 1 個👍哦！）

①對著爐火中的食物噴灑消毒　②對著正在抽菸的爸爸噴灑消毒

③放在高溫曝曬的汽車內　④在通風良好的地方噴灑

（　）3.實驗室經常使用酒精燈加熱或燃燒物質，關於酒精燈的使用方式，下列何者錯誤？（答對可得到 1 個👍哦！）

①酒精燈不宜添加得太滿，以免溢出燃燒到桌面

②酒精燈內的酒精不宜低於三分之一，否則可能有氣爆的危險

③酒精燈不使用時宜趕快吹熄，以免發生危險

④酒精燈不能互相點燃，否則有溢出的危險

（　）4.燃燒會放出熱量使周圍環境溫度上升，在點燃酒精燈或蠟燭時，需要先對燭芯或棉芯點火，原因不包含以下哪項？（答對可得到 1 個👍哦！）

①使固態蠟熔化　②使棉芯達燃點

③使液態蠟氣化　④使氣態蠟達到燃點

☆物質的燃燒需要同時具備燃燒三要素：可燃燒的可燃物（如蠟燭），幫助氧化的助燃物（如氧氣），並達到該物質燃點以上的溫度，才能讓物體持續燃燒。以上

三要素若移除其中一項，燃燒就會停止。例如住家常用的乾粉滅火器，使用時會噴出乾粉覆蓋在可燃物上，利用隔絕空氣來撲滅火源。不只如此，乾粉的成分是碳酸氫鉀，遇到高溫時會迅速起化學反應，產生大量的二氧化碳、水蒸氣等不助燃氣體，使氧氣濃度降低，因此有抑制及減緩火勢的作用。閱讀完文章，請你試著回答下列相關問題：

（　　）5.如果今天人類到未知的星球探險，身穿太空服的太空人要如何快速安全的知道該星球是否具有氧氣呢？（答對可得到 1 個👍哦！）
①直接將太空服脫掉　②拿出打火機看能否點燃
③拿一個鐵塊放在空中看是否生鏽

（　　）6.乾粉滅火是直接將粉塵覆蓋在火焰上，隔絕助燃物以達成滅火目的，但若是森林大火，無法大面積覆蓋火源，通常會將周圍未燃燒的樹木砍除，請問此舉的目的為何？（答對可得到 1 個👍哦！）
①降低火場的燃點　②移除可燃物　③移除助燃物　④移除不燃物

（　　）7.由短文推測關於碳酸氫鉀的特性，以下哪一項敘述錯誤？（答對可得到 2 個👍哦！）
①遇到高溫會被分解出水氣　②遇到高溫會發生化學變化
③可能含有金元素所以不易燃燒　④可能含有碳原子

☆蠟的成分其實非常多種，依照來源可分為動物蠟、植物蠟，或石化工業提煉的石蠟。石蠟的取得較簡單也較便宜，因此日常拜拜或過生日用的蠟燭主要都由石蠟製成。石蠟主要由碳和氫原子組成，屬於化合物當中的有機化合物，有機化合物的種類非常多，日常生活中的酒精、食醋、油脂或是蛋白質，全部都屬於有機化合物。蠟燭只含碳和氫原子，因此又屬於有機物化合物當中的烴類，也因為只含碳和氫，燃燒後只會產生二氧化碳和水氣，較無汙染，但是燃燒不完全時會產生黑煙，也就是微小的碳粒。

（　　）8.有機化合物是含有碳的化合物，因此燃燒後會產生黑色的碳，下列何者生活用品不含有機化合物？（答對可得到 1 個👍哦！）
①金屬錢幣　②麵包　③肉片　④奶油

（　　）9.下列何者是蠟燭能隔空點火的原因？（答對可得到 1 個👍哦！）

　　　①空氣本身就含有可燃物，因此可以隔空點火

　　　②空氣裡面的氧可以燃燒，因此可以藉由燃燒的氧點燃蠟燭

　　　③蠟燭剛熄滅時產生的碳粒煙塵可再被火點燃

　　　④蠟燭剛熄滅產生的白煙為蠟蒸氣，可直接點燃

（　　）10.有機化合物的種類非常多，依照組成原子和分子結構可分為醇類、烴類、

　　　醛類、酮類……等等，只含碳氫的稱為烴類，試從化學式判斷，下列生活

　　　中的物質何者不是烴類？（答對可得到 1 個👍哦！）

　　　①打火機內的液體（丙烷 C_3H_8）　②紙張中的纖維素（$(C_6H_{10}O_5)_n$）

　　　③汽油中的戊烷（C_5H_{12}）　④蠟燭中的石蠟二十二烷（$C_{22}H_{46}$）

延伸知識

滅火原理：火災非常可怕，要抑制火災得先了解火場持續燃燒具有四個要素，分別是助燃物（氧或空氣）、熱能（溫度）、可燃物，以及連鎖反應。阻絕任何一項因素，便可終止火場持續。所以消防員滅火的原理就是去除這四要素的其中之一，讓化學反應無法繼續，火就會熄滅。滅火方法分成四類，分別是：

①窒息法：隔絕可燃物與助燃物接觸，例如：熄滅酒精燈時，將蓋子蓋上。

②冷卻法：降低燃燒溫度到燃點以下，火災現場灑水就是利用此原理。

③移除法：將火源周邊的可燃物移除，例如：森林大火時將周圍樹木砍去。

④抑制法：移除連鎖反應，加入能破壞連鎖反應的物質，阻礙燃燒現象，例如：乾
　粉滅火器可產生鉀自由基，抑制火場燃燒產生的 H、OH、O 等自由基再繼續反應。

延伸思考

1.生活中的蠟大多為石油產物石蠟，此外還有動物蠟和植物蠟，查查看成分或燃燒
　方式有什麼不同？如果未來沒有石油，有什麼能取代石蠟作為燃燒物呢？

2.燃燒需要燃燒三要素同時存在才能持續，如果家庭廚房發生火災，該用什麼方式
　滅火比較好？能不能用水撲滅呢？查查看用水撲滅油鍋會發生什麼事？

3.除了用棉線當燭芯，文章中也使用粉筆當燭芯，動手做做看。

位於德國柏林洪堡大學的普朗克雕像具有抽象造型，為德國知名雕塑家海利格（Bernhard Heiliger）的作品。

$$E = hv$$
$$h = 6.626 \times 10^{-34} \, J \cdot S$$

量子理論的先驅 普朗克

德國物理學家普朗克（Max Planck）是量子理論的創始者。他提出著名的普朗克黑體輻射公式，帶領科學走入次原子粒子的世界，並贏得諾貝爾物理獎的殊榮。

撰文／水精靈

19世紀末期，從牛頓力學、熱力學和統計力學到馬克士威電磁理論，形成了古典物理學大廈的幾大支柱。當時，英國著名的物理學家克耳文爵士（Lord Kelvin）在英國皇家學會的新年慶祝會上，發表了一場名為〈在熱和光動力理論上空的 19 世紀烏雲〉的演講。他認為今後物理學家只要替物理學大廈的外觀做些補強工作，使它更加完美即可，只不過「動力理論主張熱和光都是運動的方式，現在這個理論的優美性和清晰性，正被兩朵烏雲所籠罩。」

的確，克耳文爵士的擔心是對的，但萬萬沒想到的是，這兩朵烏雲帶來了一場前所未有的狂風暴雨，從根基上動搖了這座大廈，完全顛覆科學家對經典物理理論的認知，最後分別誕生出相對論和量子力學。

音樂才子

1858 年 4 月 23 日，普朗克出生於德國基爾，他的曾祖父與祖父都是神學教授，父親則是當地的法學教授。由於生長在學術氣氛濃厚的家庭裡，自幼接受良好的教育，普朗克在文學與音樂方面都有出色的成績，也養成了嚴謹與重視秩序的生活態度。

一天，一位父親的友人來家中做客，聽到愉悅的音樂聲自樓上傳來。

「一曲肝腸斷，天涯何處覓知音。」這位友人是一名音樂家，一聽到音樂聲，眼神馬上亮了起來，探問是誰在彈琴？

「我的兒子！他熱衷音樂更甚於數學！」老普朗克回答：「可以幫我勸勸他嗎？」

小普朗克應父親的要求下樓，但似乎還沉醉在音樂的旋律之中。

「年輕人，聽你父親說，你的數學成績不錯，但想成為音樂家？」

小普朗克點點頭。

「可以讓我看看你的手指嗎？」音樂家很快抓起小普朗克的手，眼神上下打量著，然後露出奇妙的笑容問道：「你認為自己的音樂與數學，哪一個比較出色？」

「一樣！」小普朗克不假思索的回答。然後音樂家卻表示小普朗克的手指並不合適彈琴，因此勸他放棄音樂，朝其他方面發展。

不久，因父親受聘至慕尼黑大學任教，普朗克一家搬到了慕尼黑。普朗克在此度過他的中學時期，並在一位物理學家的指導之下，開啟了對物理方面的興趣。

雖然普朗克曾經想成為一名音樂家，但最終還是放棄這個想法。中學畢業後，他決定從事物理研究，於是去拜訪慕尼黑大學的約利（Philipp von Jolly）教授，想跟在他身邊學習。不過，約利卻持反對意見，因為「目前的物理學已經沒什麼好研究了，再繼續鑽研下去，也不會有什麼前途。」

然而，普朗克並沒有把約利的話聽進去。16 歲時，普朗克進入慕尼黑大學學習數學，之後轉向物理。之所以會選擇這條路，不是因為他反骨，也不是想要有新發現，而是單單為了滿足求知慾。

踏上理論物理研究之路

三年後，普朗克轉到柏林大學，接受赫姆霍茲（Hermann von Helmholtz）和克希荷夫（Gustav Kirchhoff）的指導。不過，這兩位大師級人物的授課內容卻是乏善可陳，於是普朗克決定自學物理學家克勞修斯（Rudolf Clausius）的《熱力學》，並深受其中內容影響。之後，他便以熱力學第二定律做為博士論文的題目。

普朗克
小檔案

出生
1858 年出生於德國基爾的一個知識分子家庭。

16 歲
進入慕尼黑大學攻讀數學，後改讀物理學。

19 歲
轉入柏林大學，曾聆聽赫姆霍茲和克希荷夫教授的講課。

▲二十歲左右的普朗克。他以熱力學第二定律做為博士論文，順利獲得博士學位。

▶年長的普朗克於案前工作。

只是，當普朗克在進行博士論文答辯的時候，化學家拜耳（Adolf von Baeyer）卻對他的研究不屑一顧。拜耳認為物理應該要著重實驗數據，只談理論太空洞了，根本是投機取巧、不切實際！

但普朗克認為理論物理學是一個可以做出貢獻的領域，最後取得了博士學位，只是論文並未受到重視。隔年，普朗克又發表了一篇論文，並獲得在大學任教的資格。

1885 年，普朗克終於熬出頭，獲聘為基爾大學理論物理學教授。由於理論物理學在當時算是一門較冷門、也較少有學生選修的課程，普朗克便利用空閒的時間研究熱力學，並發表一系列的論文，出版《論熵增加原理》一書。

1889 年，普朗克接替前一年逝世的克希荷夫的教職，並兼任理論物理研究所主任，之後被提升為正教授。1894 年，他成為普魯士科學院的院士，此時的他，已經被公認為德國理論物理學家的第一把交椅。

著手研究黑體輻射

1896 年，普朗克開始研究克希荷夫提出的黑體輻射問題。所謂的黑體，指的是可以吸收外來輻射的物體。在當時，科學家已經注意到熱和輻射頻率的關係。例如加熱一塊鐵，一開始它是暗紅色，接著轉成黃色，而到極高溫時，鐵塊會呈現白色，發出耀眼的光芒。也就是說，物體的輻射能量與溫度之間存在著某種關係。

27歲

成為基爾大學的物理學教授。

36歲

被選為普魯士科學院的院士。

42歲

提出了與實驗完全符合的黑體輻射定律，開創了量子力學。

60歲

獲得諾貝爾物理獎。

89歲

辭世。

過去，對於黑體輻射的研究是建立在熱力學的基礎之上。德國物理學家維恩（Wilhelm Wien）推導出輻射能量分布公式。不過，他的同事們很快證明，這條公式在短波長的範圍內與實驗相符合，但進入長波長範圍時，理論與實驗之間會有誤差。能量密度應該要和絕對溫度呈正比！一位英國物理學家雷利爵士（Lord Rayleigh）試圖修改公式，以便符合實驗結果；另一位物理學家金斯（James Jeans）則是計算出公式裡的常數，得到今日我們所說的「雷利—金斯公式」。這個公式能解釋波長較長、溫度較高時的黑體輻射現象，可惜在短波長範圍澈底失敗。為什麼會有這樣的結果？答案顯而易見，因為這個方法根本沒有對症下藥！

克耳文爵士口中的一朵烏雲就這麼困擾著物理學家，於是普朗克決心找出一個通用的公式。經過不懈的努力，他終於拼湊出一個可以滿足所有波長的公式，可惜這條公式缺乏論證，而他自己也無法解釋是基於什麼樣的基礎推導出來，可說是「知其然，而不知其所以然」。

量子理論誕生

為了解釋新公式，普朗克決定跳脫傳統的框架。他把統計力學與「熵」引入他的系統，

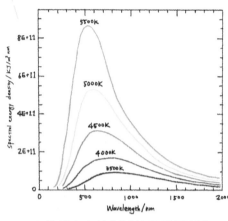

▲普朗克定律描述的黑體輻射在不同溫度下的頻譜。

並且做了一個十分大膽的假設：能量的輻射（或吸收）不是連續的，而是分成一份一份的方式來進行；而且能量的傳輸，必須有一個最小的基本單位，如同自機關槍射出的子彈是一顆一顆的，而不像水管內的水那樣連續不斷。普朗克稱這個基本單位為「能量子」，之後改稱為「量子（quantum）」，這個字來自於拉丁文 quantus，意思是「多少」或「數量」。

1900 年 12 月 14 日，普朗克在德國物理學會上發表一篇具有歷史意義的論文。他從理論上推導出了黑體輻射的能量與頻率之間的關係，並寫成公式，公式裡包含了大名鼎鼎的普朗克常數。他認為能量可以分成許多能量量子，這些能量量子的大小與它的頻率成正比。

這一天成了量子理論的誕生日，普朗克也因為這一劃時代的偉大成果，獲得了 1918 年的諾貝爾物理獎。而這項革命性的理論，更成為近代物理學的起點，自此，1900 年以前的物理學稱為古典物理學。

普朗克的量子理論太創新、太前衛了，保守的物理學家根本無法接受，甚至連普朗克本人對它也感到困擾不已。他曾試著把量子作用納入古典理論中，但終歸徒勞。

到了 1905 年，愛因斯坦使用量子理論來

繪圖：楊綠早

解釋光電效應;之後,波耳把量子理論應用於原子模型,兩人取得空前的成功,也證明了量子理論的重要。

學術與政治糾葛

1914年,第一次世界大戰爆發。普朗克無法獨善其身,他在惡名昭彰的〈告文明世界書〉簽下自己的名字,對德國的軍事行動公然表態支持。後來戰爭結束,普朗克等學者公開為此事道歉,並簽署反對德國軍國主義的聲明。為了重建戰後德國的科學研究,普朗克振臂高呼「保存實力,繼續工作」。

不久,他與其他科學家一起成立「德國科學臨時學會」,為科學研究提供經費支持。同時,普朗克也擔任了柏林大學校長、普魯士科學院院士、德國物理學會會長和威廉皇家學會會長等職務,個人聲望達到頂峰。

正當學術名聲如日中天之時,希特勒掌控了德國政權,並開始迫害猶太科學家。那時人在美國的愛因斯坦發表了聲明,譴責納粹的反猶太主義與暴行,之後更決定放棄德國國籍。此後在納粹德國,愛因斯坦成為一名叛徒。

身為普魯士科學院祕書的普朗克並沒有挺身而出,而是私下寫了一封信給愛因斯坦:「希望你能主動離開科學院,以免讓維護你的同事感到不安與難堪。」不久,科學院發出聲明,對於愛因斯坦的辭職「不表」遺憾。

此時,普朗克的同事兼學生,物理學家馮勞厄(Max von Laue)挺身而出,表態支持愛因斯坦,但最後只有兩名院士參與他的連署,表示力挺愛因斯坦,要求科學院重新發出聲明,但可惜於事無補,科學院已將愛因斯坦除名。

普朗克怎麼可以如此對待摯友與同事愛因斯坦?事實上,身為科學院的祕書,普朗克

◀普朗克身處一個風起雲湧的年代,當時的許多科學家,是現代教科書中常見的名字。左圖為諸多知名科學家在1927年10月召開的索爾維會議後留下的身影。前排左二即為普朗克,鄰座為居禮夫人,愛因斯坦於前排正中。參加這次會議的29人有17人為諾貝爾獎得主。

◀ 1931 年，美國物理學家密立坎拜訪德國，由德國物理學家馮勞厄招待，與多位科學界重量級人物共進晚餐，留下這張五位諾貝爾獎得主的合影。左起為：德國化學家能斯特、愛因斯坦、普朗克、密立坎與馮勞厄。

首要考慮的是科學院的存續。此外，做為威廉皇家學會的主席，為了保護學會，他也不得不對納粹政權有所妥協，畢竟這兩個組織都需要政府的贊助。

雖然如此，但在「哈伯事件」上，普朗克卻表現出十足的硬漢本色。1935 年，他先是冒著觸怒希特勒的危險，直言希望納粹政權能對學會裡的猶太科學家寬容一些，但最後無功而返。後來，在馮勞厄的建議之下，他決定與政府對立，為反法西斯主義者兼化學家哈伯（Fritz Haber）舉辦追思會，但他也因此被免去威廉皇家學會與普魯士科學院的職務。

福無雙至，禍不單行

聲望崇高的普朗克，在 1938 年度過 80 大壽，儘管之前因哈伯事件而與納粹政府對立，但在慶祝宴會上，希特勒仍發了一封祝賀信給他，而生日禮物則是以普朗克的名字命名一顆小行星。

生逢亂世，普朗克的家庭相繼發生許多不幸：1909 年妻子去世，長子戰死於凡爾登戰役，隔年兩個女兒先後死於難產。1944 年，德國發生了暗殺希特勒的 720 政變，普朗克的小兒子被誤認為參與暗殺行動而遭到逮捕，並判處絞刑，他的死亡帶給普朗克無以言表的悲傷。同年，普朗克的住家因盟軍的空襲而炸毀，藏書和信件全數付之一炬。但即使禍不單行，普朗克仍為科學勇往直前，一共發表了 215 篇論文和七部著作。

1947 年 10 月 4 日，這位開創出近代物理學的巨星殞落，葬於德國物理學重鎮哥廷根市的公墓。墓前一塊長方形的石碑上面刻了他的姓名，底部則有普朗克常數的字樣，紀念他的貢獻。 ㊉

水精靈　隱身在 PTT 裡的科普神人，喜歡以幽默又淺顯易懂的方式和鄉民聊科普，真實身分據說是科技業工程師。

圖片來源：Wikimedia Commons

量子理論的先驅——普朗克

國中理化教師　黃冠英

主題導覽

普朗克是德國物理學家，這位偉人從小在音樂及文學上都表現出一定的天賦，後來進入柏林大學，開始研究熱力學，並以熱力學理論為基礎，投入黑體輻射研究，最後提出了量子理論。量子理論的提出，也將物理學正式劃分為古典物理學及近代物理學，開創了近代物理的起點。愛因斯坦、波耳也都將量子理論應用到研究之中。

〈量子理論的先驅——普朗克〉帶我們了解普朗克的生平，閱讀完文章後，你可以利用「挑戰閱讀王」了解自己對文章的理解程度；「延伸知識」介紹了黑體輻射及量子，可以幫助你更深入了解普朗克量子理論的內容！

關鍵字短文

〈量子理論的先驅——普朗克〉文章中提到許多重要的字詞，試著列出幾個你認為最重要的關鍵字，並以一小段文字，將這些關鍵字全部串連起來。例如：

關鍵字：1. 輻射能量　2. 頻率　3. 量子　4. 黑體輻射　5. 物理學

短文：在物理學上，早期科學家早已發現物體輻射能量與溫度之間存在著某種關係，但理論與實驗並未完全相符。普朗克以熱力學為基礎，提出：能量的傳輸必須有一個最小的基本單位，稱為量子。他同時推導出黑體輻射的能量量子大小與其頻率成正比，量子理論就此誕生。

關鍵字：1.＿＿＿＿　2.＿＿＿＿　3.＿＿＿＿　4.＿＿＿＿　5.＿＿＿＿

短文：＿＿＿＿＿＿＿＿＿＿＿＿＿＿＿＿＿＿＿＿＿＿＿＿＿＿＿＿＿＿＿＿＿

＿＿＿＿＿＿＿＿＿＿＿＿＿＿＿＿＿＿＿＿＿＿＿＿＿＿＿＿＿＿＿＿＿＿＿＿＿＿

＿＿＿＿＿＿＿＿＿＿＿＿＿＿＿＿＿＿＿＿＿＿＿＿＿＿＿＿＿＿＿＿＿＿＿＿＿＿

＿＿＿＿＿＿＿＿＿＿＿＿＿＿＿＿＿＿＿＿＿＿＿＿＿＿＿＿＿＿＿＿＿＿＿＿＿＿

挑戰閱讀王

閱讀完〈量子理論的先驅──普朗克〉後，請你一起來挑戰以下題組。

答對就能得到 👍，奪得 10 個以上，閱讀王就是你！加油！

☆有一位科學家因提出量子理論，獲得 1918 年諾貝爾物理學獎，量子理論也成為
近代物理的起點。

（　）1.請問這位科學家是誰？（答對可得到 1 個 👍 哦！）
　　　　①克耳文　②克希荷夫　③普朗克　④愛因斯坦

（　）2.下列哪句敘述不屬於這位科學家的事蹟介紹？（答對可得到 1 個 👍 哦！）
　　　　①音樂家認為他的手指很適合彈琴，建議他往音樂發展
　　　　②教授認為物理學已經沒什麼好研究，但他仍然繼續鑽研，滿足自己的求
　　　　　知欲
　　　　③第一次世界大戰，曾公然表態支持德國的軍事行動
　　　　④曾與愛因斯坦共事

（　）3.以下為此科學家的檔案，請依時期進行排序：（甲）就讀柏林大學、（乙）
　　　　提出黑體輻射、（丙）被選為普魯士科學院院士、（丁）獲得諾貝爾物理獎。
　　　　（答對可得到 1 個 👍 哦！）
　　　　①甲乙丙丁　②甲丙乙丁　③甲乙丁丙　④甲丁乙丙

（　）4.此科學家提出了與實驗完全符合的某個定律，開創了量子力學。請問此定
　　　　律為？（答對可得到 1 個 👍 哦！）
　　　　①光電效應　②黑體輻射　③熱力學　④原子模型

☆黑體輻射建立在熱力學的基礎上，早在普朗克
導出能量與頻率間的關係式前，科學家已經注
意到熱與輻射頻率的關係。附圖為黑體輻射在
不同溫度下的頻譜，請回答下列問題：

（　）5.德國物理學家維恩推導出的輻射能量分
　　　　布公式，確實與實驗相符合，但在哪一

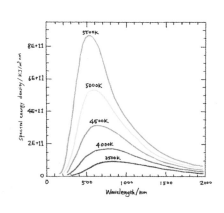

種波長範圍時，理論與實驗有誤差？（答對可得到 1 個👍哦！）

①短波長　②長波長

（　　）6. 從附圖來看，其輻射能量的波峰，當溫度愈高時，所產生的電磁波波長會較如何？（答對可得到 1 個👍哦！）

①短　②長

（　　）7. 若波長與頻率關係式為 $\lambda = c/\nu$（λ：波長；c：光速；ν：頻率），承上題，溫度愈高時，產生的電磁波頻率會較？（答對可得到 2 個👍哦！）

①低　②高

（　　）8. 可見光的波長約在 400nm 到 760nm 之間，依左頁附圖來看，以下哪個溫度釋放出的輻射能量波峰，其波長不在可見光範圍內？（答對可得到 1 個👍哦！）

① 3500K　② 4000K　③ 4500K　④ 5000K　⑤ 5500K

（　　）9. 若紫外線波長約介於 10nm 到 400nm 之間，以下哪個溫度釋放出的輻射能量波峰，其波長最有可能在紫外線範圍？（答對可得到 1 個👍哦！）

① 2000K　② 4000K　③ 5000K　④ 7000K

（　　）10. 若水沸騰時溫度為 100℃（373K），則其釋放的輻射能量應該為？（答對可得到 2 個👍哦！）

①紫外線　②可見光　③紅外線

延伸知識

1. **黑體輻射**：黑色的物體可以完全吸收電磁輻射，若將一個物體的內部挖空塗黑，僅留狹小縫隙，此時將光射入，經多次反射後，仍無光線射出，因此將此種僅有光線進入而無光線射出的物體，稱為「黑體」，以此模擬真正的黑色物體。當黑體與所處環境要維持熱平衡時，會有熱輻射從狹小縫隙射出，即為「黑體輻射」。

2. **量子**：是現代物理的重要概念。若一個物理量存在最小且不可分割的基本單位，則此物理量可以量子化，而此最小單位稱為「量子」。這個概念最早由普朗克在

1900 年提出，假設黑體輻射中的輻射能量是不連續的，只能取能量基本單位的整數倍，而「能量子（量子）」是能量的最小單位，即可解釋黑體輻射的實驗現象。普朗克關係式為：E=hν（E：能量；h：普朗克常數 6.626x10^{-34}J·s；ν：頻率）。

延伸思考

1. 普朗克有愛國之情，更曾為軍國主義背書，他在愛因斯坦與哈伯兩事件中，有截然不同的做法。若你是普朗克，你會跟他一樣嗎？請說說你的理由。

2. 普朗克推導出黑體輻射的能量與頻率之間的關係，請你試著討論日常生活中常見能量（如太陽光、白熾燈泡、人體散熱等）釋放時，其能量、頻率與波長的關係。

3. 原子理論從早期的道耳吞原子說，直到後來電子、質子、中子的發現，科學家波耳更是應用量子理論提出原子模型。請利用網路查閱相關資料，有量子理論為基礎的原子模型，與你學過的有什麼關聯性？

在水上畫畫?!

玩科學居然還能順便做出抽象畫!有這麼「美」的事嗎?

撰文、攝影/何莉芳

作畫的方式很多，用顏料沾水在圖畫紙上畫畫不稀奇，你聽過有人直接用顏料在水面上作畫嗎？土耳其有種特殊的傳統紙染藝術「Ebru」，利用顏料在水面的張力，讓特殊顏料滴浮在水面上，再用又細又尖的錐子在上頭拉花或拉線條，隨著水的流動，巧妙的勾勒出變化豐富的抽象圖紋，然後再將紙張攤在水面上，將彩色圖案吸附，完成一幅美麗的圖畫。

沒有這些特殊染料的我們，是否也能感受顏料在水面上的展開與流動呢？這回讓我們利用表面張力玩科學，使用身邊就有的墨汁、易於取得的壓克力顏料，觀察色彩的擴展變化。再搭配沙拉油與清潔劑，甚至是牛奶，做出意想不到、既美麗又獨特的浮水染抽象畫吧！

▲ 土耳其傳統紙染藝術的創作過程。

圖片來源：Shutterstock

開個水上染坊

準備一盆水，反覆的滴加油墨和顏料，再用棉棒或牙籤勾勒，展現你的想像力與創作力，畫出最棒的作品！

由於廠牌墨汁的配方不同，請選擇滴在水面上能夠短暫懸浮的顏料。壓克力顏料加少許水調合，讓輕輕滴下的顏料能夠浮在水面上。也可使用透明水彩代替。

實驗材料

紙碗、迴紋針或牙籤、棉棒、宣紙或圖畫紙、墨汁、沙拉油、清潔劑、壓克力顏料（為了方便操作，可先裝入點眼瓶）、清潔劑、少許牛奶、淺盤、食用色素。

 **畫出水上年輪**

1 迴紋針前端拉直，沾一點墨汁輕點於水面中央，觀察發生了什麼變化？如果墨汁整個在水面散開，則再點一滴，使墨汁在水面上擴展成圓形。

2 以另一根迴紋針沾取沙拉油，再輕點於墨汁中心。看看有什麼現象？

3 等墨環在水面上停止變化後，於中央再加一滴墨汁。（也可試試在墨環變化時就滴加墨汁和沙拉油，比較結果有什麼不同。）

4 依序反覆滴加墨、油數次，你最多可以做出幾圈像年輪一般的墨環？往外擴展的墨環是否會沉降？

5 最後以棉棒沾少許的清潔劑，輕觸墨環中心水面，發生什麼現象？油跟清潔劑哪一個會使墨環擴展得更快？

美麗的水上彩環

6 將調好的壓克力顏料輕輕滴在水面上，觀察顏料在水面上的擴展。

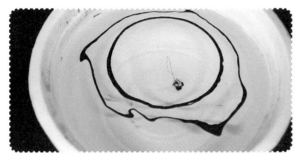

7 將不同顏色的顏料依序輕點在水面中央，可看見顏色會依序形成一圈一圈的色環。你能做出幾圈多彩色環？要如何控制，才能讓它們形成一圈圈的同心圓？

8 用牙籤輕輕擾動色彩，再將宣紙輕輕覆蓋在水面後掀起，把美麗的圖案留在宣紙上。

9 為了控制實驗條件，每一次操作後都要重新換水。但如果不換水，會發生什麼狀況？改將顏料滴在水面不同位置，又會怎樣？若在水中添加適量的膠水，改變濃稠度與密度，會有什麼不同？試著使用油、墨汁、壓克力顏料的組合做搭配，依自己的方法創造出另類的水上年輪！

為什麼會形成環狀圖案？

　　跟水的表面張力相比，墨汁、顏料的表面張力比較小，輕觸水面後會受到水的牽引，均勻向外擴展成圓形。不過因為水面難免有波擾，墨環會逐漸變成不規則的形狀。

　　在水面上的墨當中滴入少許油，會形成圈狀的墨環，這是因為油的表面張力也比水小，加上墨汁和油不會混合，使得墨汁內側和外側液體的拉引力量不均，於是形成墨環。等到內外力量達到平衡後，水就無法拉開墨了。反覆操作數次，會形成一圈圈不規則並類似年輪的圖案。想製造出多層年輪，要很有耐心的等墨環達到平衡後，再小心的沾滴墨、油。

　　隨著時間可以觀察到墨在水中慢慢沉降，並在水中形成特殊的紋路。如果將清潔劑滴入墨環或色環中心，表面張力會迅速被破壞，導致顏料、墨汁瞬間向外擴散。

　　利用壓克力顏料在水面做出多彩色環，也是受到水的表面張力作用，不同顏料成分與濃度不同，擴展效果不一樣。如果用牙籤輕輕以螺旋的方向擾動水上年輪或多彩色環，還會產生像大理石般的特殊紋理！把宣紙輕輕覆蓋在水面，使顏料附著，就能把水面上的多彩創作留下來保存！

　　如果使用密度大且較黏稠的膠水溶液，顏料可在水面上漂浮久一點，做出的色環也比較穩定。

▲利用墨、水、油的表面張力拉扯，製造出一圈圈的水上年輪與多色彩環。

◀清潔劑破壞中心的表面張力，使墨環迅速往外移動，可觀察到墨沿著容器下沉。

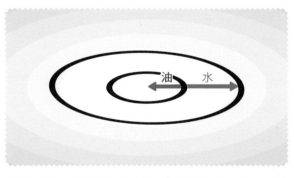

▲墨環內外分別是油與水，油的表面張力比水小。當向內的表面張力比向外的小時，墨環會向外擴展（上圖），直到內外張力逐漸平衡，環就停止了變化（下圖）。

▼完成的作品

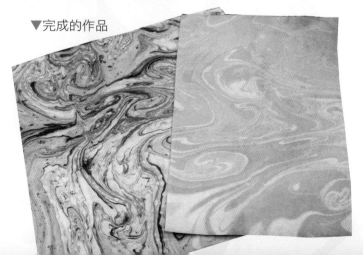

番外篇
牛奶抽象畫

在前面實驗中，我們發現清潔劑能迅速降低水的表面張力，使色環往外擴散。利用這樣的「動力」配上牛奶與食用色素，能簡單創作出抽象畫，幫大家實現畫家夢！

在淺盤上倒入少許牛奶（約 1 公分高），在牛奶表面滴入各色食用色素，接著將棉棒沾取少量清潔劑後，輕輕觸碰牛奶上的色素並停留。色素會以棉棒為中心向四周散開，不久後由棉棒下方牛奶處慢慢湧出。這是因為牛奶是包含水、脂肪、蛋白質等成分的混合物，更容易受到清潔劑的影響。清潔劑破壞了接觸點附近牛奶的表面張力，使色素隨牛奶往表層四周散開，部分色素沉降到底部後，再被牛奶帶上來而形成循環，你會看見受擾動的牛奶帶動色素不斷翻滾、移動、擴

▲用沾了清潔劑的棉棒，輕輕觸碰牛奶上的色素，色素會先向外散開，再隨著牛奶從棉棒下方湧出，形成循環。

散，最後達到平衡。

再以棉棒沾取一些清潔劑，改由另一個位置接觸牛奶表面，使不同色素相互交融，進而形成色彩鮮豔的抽象畫。如果有兩根棉棒，可試著同時接觸不同位置，又會出現什麼結果？來試試吧！　科

作者簡介

何莉芳　臺中市福科國中老師，喜歡從生活中找尋實驗題材，讓學生有玩不完的 DIY 實驗，並且將實驗的精采過程記錄在「zfang の科學小玩意」部落格。

▲在牛奶上滴加色素。

▲將沾有清潔劑的棉棒浸入牛奶，會發現色素隨著牛奶向外擴展。

▲色素遇到盤子邊緣後沉降。

▲改變棉棒位置可造成混色，形成色彩斑斕的牛奶抽象畫！

▲這項變化會持續一段時間，速度愈來愈慢，直到平衡。

▲色素由棉棒下方慢慢湧出，不同顏料逐漸混合。

在水上畫畫？！

國中理化教師　李冠潔

主題導覽

　　早在中國古代唐朝時，歷史就有記載「墨池法」，是利用油墨浮在水上的作畫方式，後來幾經輾轉傳到土耳其去，在當地稱作「濕拓畫」（Ebru）。濕拓技法最早用於書籍封面的裝幀，後來不斷精進而廣泛傳播到歐洲各國，可說是相當有歷史的作畫方式。墨水浮於水面的原理是因為油水不互溶，且油墨密度比水的密度小，因而浮在水面。不論是油墨或水，都由分子組成，分子之間有吸引力，在表面的吸引力因為受力不均，使得分子向內緊縮，形成表面張力。當我們破壞分子間的吸引力後，分子受到拉扯而向四周擴散形成色環。利用以上種種原理，就可以在液體上畫出各種奇妙的圖案。

　　〈在水上畫畫？！〉透過簡易的材料，將科學與藝術結合，讓我們在家中也可以仿效出土耳其的濕拓畫。閱讀完文章後，你可以利用「挑戰閱讀王」了解自己對文章的理解程度；「延伸知識」中補充了水分子結構和毛細現象的簡單介紹，可以幫助你更深入的理解文章的內容！

關鍵字短文

　　〈在水上畫畫？！〉文章中提到許多重要的字詞，試著列出幾個你認為最重要的關鍵字，並以一小段文字，將這些關鍵字全部串連起來。例如：

關鍵字：1. 密度　2. 混合物　3. 表面張力　4. 清潔劑　5.擴散

短文：物質由分子或原子組成，且分子之間有相互作用力。例如：水分子會互相吸引而向內縮緊，因此在表面形成表面張力。清潔劑會破壞這種表面張力，因此當水面碰到清潔劑時，會帶動水面向四周擴散。墨水是一種油性混合物且密度比水小，滴入水中時會浮在水面上。當墨水的表面張力被清潔劑破壞，會向四周擴散，形成像是年輪的圖形。

關鍵字：1.＿＿＿＿＿　2.＿＿＿＿＿　3.＿＿＿＿＿　4.＿＿＿＿＿　5.＿＿＿＿＿

短文：＿＿＿＿＿＿＿＿＿＿＿＿＿＿＿＿＿＿＿＿＿＿＿＿＿＿＿＿＿＿＿＿＿

挑戰閱讀王

閱讀完〈在水上畫畫？！〉後，請你一起來挑戰以下題組。

答對就能得到👍，奪得 10 個以上，閱讀王就是你！加油！

☆物質都是由分子或原子組成，同種分子之間的吸引力稱為「內聚力」；不同分子
之間的吸引力稱為「附著力」。通常物質會同時受到此兩力的影響，例如水分子
之間有很強的內聚力，所以將水滴在桌上會形成半圓形的凸起，或是在整杯裝滿
的水上再輕輕滴入幾滴水，也不會滿出來。若將衛生紙放在水面上，水分子會因
為附著力而向上爬，這種現象稱為「毛細現象」。通常內聚力和附著力不會單獨
存在，仔細觀察吸管中間的水面，即是因為附著力大於內聚力的關係。試根據文
章回答下列問題：

(　　) 1. 細吸管的水面，應該呈現下面何張圖的樣子？（答對可得到 1 個👍哦！）

(　　) 2. 將水滴在桌面，會呈現如右下圖的樣子，請問原因為何？（答對可得到 1
個👍哦！）

　　①水分子只有內聚力　②水分子只有附著力

　　③水分子彼此間有附著力，與桌面間有內聚力

　　④水分子彼此間有內聚力，與桌面間有附著力

(　　) 3. 若是在空無一物的太空裡，從管中擠出一滴水，你覺得飄浮在空中的水滴
應該呈現何種樣子？（可以上網查查看太空生活的影片）（答對可得到 1
個👍哦！）

　　①球形　②水滴型　③心形　④空心球形

(　　) 4. 「蓮花效應」指的是物體很容易從蓮花的葉片上滑落，例如水在蓮葉上，
會形成很容易滾動的水珠，蓮花之所以能夠「出淤泥而不染」，就是因為
蓮花效應。下列何者可能是蓮花出淤泥而不染的原因呢？（答對可得到 1
個👍哦！）

①蓮葉不是由分子組成　②蓮葉分子的附著力小

③泥土本來就不容易附著在任何物體上

④蓮花的生長環境很乾淨沒有灰塵

☆液體內部的所有分子，會受到來自四面八方的吸引力，因
此合力是零，分子呈靜止狀態而不會往任何方向偏移。但
液體表面的分子，只會受到左右或下方鄰近分子的拉力，
並沒有上方分子的拉力，因此表面分子所受到的合力方向
向下，使液體向內緊縮，這種使物質本身產生最小表面積
的力，稱為表面張力（如右圖）。由於各種分子之間的吸
引力大小不同，因此表面張力的強度也不一樣，加入不同

表面分子合力向下

內部分子合力為零

的液體，可能會破壞原本分子所形成的表面張力，例如在水中加入一點清潔劑，
就會破壞水的表面張力，而原本浮在水上的物質可能因此下沉。試根據文章回答
下列問題：

（　　）5.下列何者為表面張力的成因？（答對可得到 2 個👍哦！）

①因為液體表面獨有的特殊黏性，把表面分子牢牢黏在一起

②液體的表面分子都會互相排斥

③因為表面分子受力不均，分子合力向下所產生

④液體表面會自動張開形成一股力量

（　　）6.有關物體的受力情形，下列描述何者正確？（答對可得到 2 個👍哦！）

①若物體同時受到四面八方來的力量一定會不停亂動

②物體只有不受任何力量才會靜止

③液體只有表面分子有受力

④物體受到外力仍可能靜止

（　　）7.關於表面張力的敘述，下列何者錯誤？（答對可得到 1 個👍哦！）

①任何物質都有吸引力　②不同物體的表面張力大小都相同

③加入另一種液體可能會破壞原本液體的表面張力

④表面張力是因為分子受力不均產生的現象

☆我們許願時會將硬幣丟進水裡，而硬幣會下沉；但同樣由金屬做的輪
　船，明明比硬幣重很多，卻能浮在水面上，這是為何呢？其實物體的
　浮沉與重量無關，而是要視液體與物體的密度差來決定。密度是單位
　體積內質量的大小，算式以「密度＝質量／體積」來表示，物體的密
　度小於液體就會上浮，大於液體就會沉下去。船能夠浮在水面上，是
　因為船的質量雖大，但體積更大，且內部都是密度極小的空氣，因此
　平均密度比水小，才能浮在水上。油脂和酒精也是密度小於水的物質，
　因此能夠浮在水上。利用密度不同的液體，甚至能夠做出分層的彩虹
　溶液，可參考圖片示意。

圖片來源：Shutterstock、Wikimedia Commons

（　）8.關於物體浮沉的原因，下列何者正確？（答對可得到 1 個👍哦！）

　　　　①只要輕的物體都能浮在水面　②重的物體無法浮在水面

　　　　③浮沉是由內聚力決定　④密度差異是浮沉的原因

（　）9.鐵達尼號郵輪撞到冰山後開始慢慢沉沒，推測可能的原因為何？（答對可
　　　　得到 1 個👍哦！）

　　　　①海水進入船艙增加了船的密度　②冰塊把船凍住了而往下沉

　　　　③當地海水密度比較小，船因而下沉

　　　　④冰塊降低船的溫度而使船的密度變大

（　）10.關於彩虹液體的敘述何者正確？（答對可得到 1 個👍哦！）

　　　　①最下層的液體密度最大　②每一層的密度都相同

　　　　③最上層的密度最大　④中間層的密度最小

延伸知識

1.**水分子的結構**：水分子的內聚力與附著力，和
　自然界許多現象有關，例如毛細現象或是表面
　張力……等等。水具有這些作用力，是因為水
　分子具有不對稱的結構。水分子由兩個氫原子

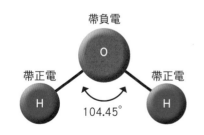

　（H）和一個氧原子（O）組成，因結構不對稱，分子內部電荷分布不均勻，致
　使水分子一端帶正電一端帶負電，具有此種特性的分子稱為極性分子。

2.**植物的蒸散作用**：水分子的內聚力和附著力對大自然相當重要，例如植物體內有
細細長長的維管束，可藉此將土壤中的水分送到高高的樹葉頂端，可是植物沒有
嘴巴，怎麼把水「吸上來」的呢？植物葉片上有著叫做氣孔的開口，白天陽光照
射時氣孔會打開，植物體內溫度升高，水分自然隨著蒸散出體外；而因為水具有
內聚力，水分子之間會緊緊抓住彼此，就像手牽手一樣，再加上水分子與維管束
之間有附著力，所以當水離開葉片時，下方的水會跟著沿維管束壁往上爬。如果
水分子沒有這個特性，植物便會因為水分運輸的限制，而無法長得高大挺拔了！

延伸思考

1.將一艘紙船放在裝水的臉盆中，若周圍沒有風能不能讓船移動呢？查查看「無動
力船」吧。

2.表面張力與生活周遭的哪些現象有關呢？查查看書籍與網路相關資料。

3.你能不能讓密度較大的金屬浮在水面上呢？將一根針輕輕放在水面，並仔細觀察
水面的形狀。

4.大自然裏有哪些生物能夠停留在水面上？如果水沒有內聚力，對自然界會有哪些
影響？

解答

一代電學宗師──法拉第
1.④ 2.③ 3.② 4.①② 5.① 6.③ 7.④ 8.③ 9.③

穿越時空的宇宙
1.② 2.① 3.③ 4.① 5.② 6.② 7.③

讓聲波現形
1.① 2.④ 3.② 4.③ 5.③ 6.② 7.④ 8.④ 9.③ 10.④

無線充電──跟電線說再見
1.① 2.② 3.① 4.③ 5.③ 6.①③ 7.② 8.③ 9.① 10.③

隔空點火
1.①④ 2.④ 3.③ 4.② 5.② 6.② 7.③ 8.① 9.④ 10.②

量子理論的先驅──普朗克
1.③ 2.① 3.② 4.② 5.② 6.① 7.② 8.① 9.④ 10.③

在水上畫畫？！
1.③ 2.④ 3.① 4.② 5.③ 6.④ 7.② 8.④ 9.① 10.①

科學少年學習誌
科學閱讀素養◆理化篇 6

編著／科學少年編輯部
封面設計暨美術編輯／趙璦
責任編輯／科學少年編輯部、姚芳慈（特約）
特約行銷企劃／張家綺
科學少年總編輯／陳雅茜

封面圖源／Shutterstock

發行人／王榮文
出版發行／遠流出版事業股份有限公司
地址／臺北市中山北路一段 11 號 13 樓
電話／02-2571-0297　傳真／02-2571-0197
郵撥／0189456-1
遠流博識網／www.ylib.com　電子信箱／ylib@ylib.com
ISBN ／ 978-957-32-9764-2
2022 年 10 月 1 日初版
版權所有・翻印必究
定價・新臺幣 200 元

國家圖書館出版品預行編目

科學少年學習誌:科學閱讀素養,理化篇6/科學
少年編輯部編著. -- 初版. -- 臺北市：遠流出版
事業股份有限公司, 2022.10
　面；21×28公分.
ISBN 978-957-32-9764-2（平裝）
1.科學 2.青少年讀物
308　　　　　　　　　　　111014163

★本書為《科學閱讀素養理化篇：無線充電，跟電線說再見》更新改版，部分內容重複。